**Md Masum Billah**

# TIC, alterações climáticas e gestão das catástrofes naturais no Bangladesh

**Md Masum Billah**

# TIC, alterações climáticas e gestão das catástrofes naturais no Bangladesh

**ScienciaScripts**

**Imprint**

Any brand names and product names mentioned in this book are subject to trademark, brand or patent protection and are trademarks or registered trademarks of their respective holders. The use of brand names, product names, common names, trade names, product descriptions etc. even without a particular marking in this work is in no way to be construed to mean that such names may be regarded as unrestricted in respect of trademark and brand protection legislation and could thus be used by anyone.

Cover image: www.ingimage.com

This book is a translation from the original published under ISBN 978-3-659-34893-8.

Publisher:
Sciencia Scripts
is a trademark of
Dodo Books Indian Ocean Ltd. and OmniScriptum S.R.L publishing group

120 High Road, East Finchley, London, N2 9ED, United Kingdom
Str. Armeneasca 28/1, office 1, Chisinau MD-2012, Republic of Moldova, Europe
Printed at: see last page
ISBN: 978-620-8-10346-0

# ÍNDICE DE CONTEÚDOS

# ACRÓNIMOS

| | |
|---|---|
| A2I | Access to Information |
| ADRC | Asian Disaster Reduction Center |
| BBS | Bangladesh Bureau of Statistics |
| BBC | British Broadcasting Corporation |
| BCAS | Bangladesh Centre for Advanced Studies |
| BCCSAP | Bangladesh Climate Change Strategy and Action Plan |
| BMD | Bangladesh Meteorological Department |
| BTRC | Bangladesh Telecommunication Regulatory Commission |
| CBS | Cell Broadcast System |
| CCC | Climate Change Cell |
| CCKN | Climate Change Knowledge Network |
| CDMP | Comprehensive Disaster Management Programme |
| CEGIS | Center for Environmental and Geographic Information Services |
| DFID | Department for International Development |
| DMB | Disaster Management Bureau |
| EDGE | Enhanced Data Rates for GSM Evolution |
| FFWC | Flood Forecasting and Warning Centre |
| GDP | Gross Domestic Product |
| GIS | Geographic Information Systems |
| GNI | Gross National Income |
| GNP | Gross National Product |
| GOB | Government of Bangladesh |
| GPRS | General Packet Radio Service |
| GPS | Global Positioning System |
| GSM | Global System for Mobile Communications |
| HFA | Hyogo Framework for Action |
| ICT | Information and Communication Technology |
| ICT4D | Information and Communication Technologies for Development |

| IDI | ICT Development Index |
|---|---|
| IDS | Institute of Development Studies |
| IFRC | International Federation of Red Cross and Red Crescent Societies |
| IPCC | Intergovernmental Panel on Climate Change |
| IRW | Islamic Relief Worldwide |
| ITU | International Telecommunication Union |
| IWFM | Institute of Water and Flood Management |
| LIRNEasia | Learning Initiatives on Reforms for Network Economies Asia |
| MDG | Millennium Development Goal |
| MOEF | Ministry of Environment and Forests |
| MOFDM | Ministry of Food and Disaster Management |
| MOPT | Ministry of Post and Telecommunications |
| NAPA | National Adaptation Programme of Action |
| NGO | Non-Governmental Organisation |
| NOAA | National Oceanic and Atmospheric Administration |
| NPDM | National Plan for Disaster Management |
| SMS | Short Message Service |
| SPARRSO | Space Research and Remote Sensing Organization |
| SPSS | Statistical Package for the Social Sciences |
| TCM | Technology-Community-Management |
| TV | Television |
| UN | United Nations |
| APCICT | Asia and Pacific Training Centre for Information and Communication Technology for Development |
| UNB | United News of Bangladesh |
| UNDP | United Nations Development Programme |
| UNFCCC | United Nations Framework Convention on Climate Change |
| UNOPS | United Nations Office for Project Services |
| VMS | Vessel Monitoring System |
| VOIP | Voice over Internet Protocol |

| WB | World Bank |
| WiMAX | Worldwide Interoperability for Microwave Access |
| WWF | World Wide Fund for Nature |

# CAPÍTULO 1: INTRODUÇÃO

## 1.1 ANTECEDENTES

Os impactos das catástrofes naturais induzidas pelas alterações climáticas[1] tornaram-se uma grande preocupação para a maioria dos países do mundo. Embora todos os países sejam afectados pelas alterações climáticas, os países em desenvolvimento são mais vulneráveis, devido ao seu impacto direto nos sectores económico, social e de desenvolvimento (Few et al. 2006; BCAS 2010). O Bangladesh é considerado um dos países mais vulneráveis às alterações climáticas no mundo (IPCC 2007b; DMB 2010; Mallick e Rahman 2010; Alam et al. 2011). Estas vulnerabilidades são causadas pelo grave impacto negativo de fenómenos climáticos agudos, como inundações, ciclones e secas, nos meios de subsistência e na segurança alimentar da população do Bangladesh (CCC 2008b; BCAS 2010; Hedger 2011). As tecnologias da informação e da comunicação (TIC) têm um enorme potencial para reduzir as vulnerabilidades causadas pelas alterações climáticas (Ospina e Heeks 2010).

As vulnerabilidades causadas pelas catástrofes naturais são graves no Bangladesh, devido a vários factores, como a sua localização geográfica, a elevação do terreno e o impacto negativo na vida e nos meios de subsistência. A topografia baixa e plana do Bangladesh torna-o mais vulnerável às inundações (MOEF 2008). As inundações são um fenómeno regular, que ocorre quase todos os anos[2] afectando 20% do país, aumentando até 68% em anos extremos (DMB 2010). Este ano, em julho de 2012, as

---

[1] Eventos que têm um impacto adverso numa comunidade, região ou nação. Os acontecimentos associados a uma catástrofe podem sobrecarregar os recursos de resposta e ter impactos económicos, sociais ou ambientais prejudiciais (Pine 2008).

[2] As cheias de 2004 inundaram 38% da área terrestre do Bangladesh, causando prejuízos superiores a 2 mil milhões de dólares e afectando cerca de 3,8 milhões de pessoas, causando cerca de 700 mortes (MOEF 2005). As cheias de 2007 inundaram 32 000 km2 de área terrestre, destruíram mais de 85 000 casas, danificaram parcialmente ou destruíram cerca de 1,2 milhões de acres de culturas, causando 649 mortes, com prejuízos estimados em mais de 1 milhão de dólares (DMB e CDMP 2007).

inundações afectaram negativamente 1,03 milhões de agregados familiares em 10 distritos (IFRC 2012). A água das cheias também tem um efeito pós-catástrofe, pois deixa para trás doenças transmitidas pela água, que por vezes se tornam epidémicas, custam vidas e causam graves perdas económicas (Healy 2012).

O Bangladesh tem uma vulnerabilidade relativamente elevada aos ciclones, devido à sua localização geográfica (Shamsuddoha e Chowdhury 2007). O Programa das Nações Unidas para o Desenvolvimento (PNUD) identificou o Bangladesh como o país mais vulnerável aos ciclones tropicais do mundo (PNUD 2004; MOEF 2008). Calcula-se que os ciclones tropicais de 1970 e 1991 tenham matado 500 000 e 140 000 pessoas, respetivamente (MOEF 2008). O ciclone *Sidr*, em 2007, varreu o país com ventos de 240 km/h, acompanhados de chuvas fortes e tempestades de até 15-20 pés de altura em alguns lugares (DMB 2010). A previsão de um aumento de 10% da intensidade dos ciclones no Bangladesh devido às alterações climáticas no futuro conduzirá a maiores perdas económicas para o país (MOEF et al. 1994).

As alterações climáticas estão a influenciar a frequência e a extensão das catástrofes naturais, como furacões, inundações, ciclones tropicais, secas e calor extremo a nível mundial (IPCC 2007a; Pine 2008). Vários estudos de investigação do Governo do Bangladesh afirmaram que as alterações climáticas estão a agravar as catástrofes naturais no país. O MOEF (2008) identificou que as alterações climáticas podem aumentar a frequência e a intensidade dos ciclones tropicais, a precipitação mais intensa e irregular está a causar inundações durante a monção, a baixa precipitação durante as estações secas está a causar secas, a subida do nível do mar, o clima mais quente e húmido e o degelo dos glaciares dos Himalaias (DMB 2010). Todas estas alterações podem afetar a produção agrícola, provocar a escassez de água potável, aumentar a erosão das margens dos rios, a intrusão de água salgada, aumentar a ameaça à segurança alimentar, aumentar a incidência de doenças transmitidas pela água e provocar graves congestionamentos de drenagem (MOEF 2008). O Bangladesh já tem vindo a registar variabilidade climática e catástrofes naturais devido às alterações climáticas, o que é evidente pela grave perturbação do crescimento económico e dos processos de redução da pobreza no país (Khatun e Islam 2010).

O Centro para o Diálogo Político, o principal grupo de reflexão do Bangladesh, afirmou que as alterações climáticas estão a abrandar o crescimento económico, uma vez que estão a provocar uma diminuição da produtividade agrícola e dos meios de subsistência, resultando em danos nas infra-estruturas naturais e económicas *(ibid.)*. A sua análise mostra que é provável que as alterações climáticas tenham um impacto maior nos grupos pobres e vulneráveis, uma vez que estes dispõem de menos estratégias eficazes para atenuar as consequências negativas das alterações climáticas. O aumento da temperatura e as alterações da precipitação podem reduzir os recursos agrícolas e naturais, o que, por sua vez, reduzirá a produção industrial e a produtividade do trabalho, conduzindo a uma maior desigualdade de rendimentos e a perturbações no comércio e noutras actividades económicas. Isto implica que pode haver uma pressão sobre o equilíbrio orçamental, o que também pode ter um impacto negativo no crescimento económico e no processo de redução da pobreza (Khatun e Islam 2010; Yap 2011). Consequentemente, o Bangladesh terá dificuldades em atingir os Objectivos de Desenvolvimento do Milénio (ODM) (MOEF 2008).

A gestão de catástrofes refere-se à gestão sistemática de decisões administrativas, organização, competências operacionais e capacidades para implementar políticas, estratégias e capacidades de sobrevivência da sociedade ou dos indivíduos, para diminuir os impactos dos perigos naturais e ambientais relacionados (PNUD 2004; Prabhakar et al. 2008). Muitos estudos revelaram que as alterações climáticas estão a causar impactos a longo prazo, como o aquecimento global, o degelo das calotas polares e a subida do nível do mar, etc., e que os impactos acumulados a curto prazo estão a aumentar a extensão e a intensidade das catástrofes naturais (Warrick 1990; Castro Ortiz 1994; Huq e Ali 1995; Monirul Qader Mirza 2002; Singh 2002; Pine 2008; WWF 2008; Tomecek 2012). Para minimizar os impactos a longo prazo, são essenciais medidas como o controlo das emissões de gases com efeito de estufa, ao passo que a gestão de catástrofes é importante para minimizar as perdas e danos imediatos causados pelos impactos acumulados a curto prazo, como as catástrofes naturais (IPCC 2007a). As catástrofes naturais não podem ser evitadas, mas a gestão das catástrofes pode reduzir os danos e diminuir as vulnerabilidades, o que a torna uma área prioritária a considerar por países como o Bangladesh.

O Bangladesh participou na Conferência Mundial sobre a Redução de Catástrofes realizada em Kobe, Japão, em janeiro de 2005, e ratificou o Quadro de Ação de Hyogo (HFA) (DMB 2010). O HFA deu prioridade à gestão de catástrofes, a fim de minimizar as perdas de vidas humanas, bem como de bens comunitários e outros, até 2015. O quadro propõe alcançar este objetivo através da melhoria da informação sobre os riscos e do alerta precoce, da construção de uma cultura de segurança e resiliência, da redução dos riscos em sectores-chave e do reforço da preparação para a resposta (Rahman et al. 2010). Juntamente com esta política internacional do HFA, o Bangladesh também tem as suas políticas nacionais, incluindo o Plano Nacional para a Gestão de Catástrofes (2010), a Estratégia e Plano de Ação para as Alterações Climáticas do Bangladesh (BCCSAP) (2008) e o Programa de Ação Nacional de Adaptação (NAPA) (2005), que demonstram as prioridades nacionais para a gestão de catástrofes (MOEF 2005; MOEF 2008; DMB 2010).

No domínio das alterações climáticas, há uma série de áreas gerais em que as TIC podem ser úteis para os governos, as comunidades vulneráveis, os cientistas e outros actores relevantes nos países em desenvolvimento (Karanasios 2011). O enorme poder de computação para executar os modelos de simulação e previsão, a monitorização remota, a recuperação remota de dados, o armazenamento e a gestão de dados e a difusão e transmissão maciça de informações fizeram das TIC uma ferramenta essencial para a gestão de catástrofes. Pode desempenhar um papel significativo em destacar as áreas de risco, vulnerabilidades e populações potencialmente afectadas, gerando um aviso de desastre atempado para mitigar os impactos negativos e reduzir a perda de vidas devido a desastres (Wattegama 2007). As TIC, como a rádio, a rádio comunitária, a televisão, a rádio por satélite e os telemóveis, podem transmitir avisos precoces através da difusão de áudio ou vídeo, do Sistema de Difusão Celular (CBS) e do Serviço de Mensagens Curtas (SMS). A teledeteção por satélite, os Sistemas de Informação Geográfica (SIG) e o Sistema de Posicionamento Global (GPS) podem monitorizar, executar modelos de simulação, prever catástrofes e determinar as zonas susceptíveis de serem afectadas. Os telemóveis, os telefones fixos, a Internet e o correio eletrónico podem ser utilizados para armazenar, gerir e comunicar informações (Yap 2011; Karanasios 2011).

Considerando a rápida taxa de crescimento das TIC no Bangladesh, existe um enorme potencial para a sua utilização na gestão de catástrofes. A2I (2011) salientou o potencial das ferramentas TIC para preparar as pessoas para combater as vulnerabilidades às alterações climáticas, causadas por catástrofes naturais, tornando as TIC para a gestão de catástrofes uma área prioritária para o governo do Bangladesh. O país tem uma cobertura móvel de 90%, considerando as áreas terrestres, e 93,788 milhões de assinantes de telemóveis, embora a assinatura de linhas fixas no Bangladesh seja de apenas 1,6 milhões (BTRC 2012b). A utilização de computadores e da Internet é relativamente baixa, uma vez que apenas 3,1% dos agregados familiares têm computadores em casa e apenas 2,6% dos agregados familiares têm acesso à Internet em casa (WB e ITU 2012). A 3G ainda não foi legalizada no Bangladeche, mas a expansão da rede EDGE (Enhanced Data rates for GSM Evolution) ou GPRS (General Packet Radio Service) permitiu que 90% da área terrestre estivesse ligada à Internet móvel (Wahed 2009; BTRC 2012a). A experiência dos membros da rede de telecentros do Bangladesh criou oportunidades de acesso às TIC mesmo em zonas rurais remotas (A2I 2011b). O Bangladesh registou uma enorme expansão dos telecentros em 2010 (A2I 2011b).

As catástrofes naturais têm um impacto negativo nas actividades económicas das populações rurais, sobretudo na agricultura (PC 2012). As catástrofes naturais induzidas pelas alterações climáticas são susceptíveis de causar um impacto negativo tanto nas zonas rurais como nas zonas urbanas, embora em graus diferentes. As zonas rurais são afectadas negativamente devido à elevada pobreza, ao baixo nível de alfabetização, ao baixo nível de competências em matéria de TIC, ao baixo nível de acesso às TIC, à indisponibilidade de alimentos, às fracas infra-estruturas e à inadequação dos abrigos seguros durante as catástrofes (Srivastava 2009; Chib e Komathi 2009; Alam e Collins 2010; Yap 2011). A União Internacional das Telecomunicações (UIT) identificou, em 2000, que a necessidade de literacia básica, competências informáticas e formação na utilização de aplicações TIC continua a ser um desafio significativo nas zonas rurais.

O Centro de Estudos Avançados do Bangladesh (BCAS) identificou lacunas de conhecimento neste sector, alegando que tanto o BCCSAP como o NAPA se centravam mais nas prioridades de ação do que de investigação (MOEF 2005; MOEF 2008; BCAS 2010). Embora a investigação e a gestão do conhecimento sejam um dos seis pilares da BCCSAP, não existe uma agenda de investigação abrangente nas prioridades do governo (BCAS 2010).

Percebendo a importância da gestão de catástrofes, um número de organizações nacionais e internacionais estão a trabalhar para a gestão de catástrofes induzidas pelas alterações climáticas no Bangladesh, no entanto muito poucas delas estão a utilizar as TIC (Shuvra 2011). A pequena quantidade de investigação disponível sobre as TIC para a gestão de catástrofes no Bangladesh, como APCICT (2010); Hossan e Kibria (2005); (Sabur 2012) e Hossain et al. (2005) são principalmente centrados na tecnologia e descrevem principalmente as ferramentas TIC disponíveis para a gestão de catástrofes no Bangladesh. Concentram-se no que pode ser a utilização potencial, mas não exploram como aproveitar o poder das TIC considerando outros componentes essenciais para um sistema sustentável de gestão de catástrofes, para reduzir as vulnerabilidades e os danos causados pelas catástrofes naturais induzidas pelas alterações climáticas no Bangladesh.

Considerando o impacto das alterações climáticas, a sua influência nas catástrofes naturais e o potencial das TIC com outros factores no caso do Bangladesh, esta investigação centrou-se na forma de aproveitar o poder das TIC para reduzir as vulnerabilidades causadas pelas catástrofes naturais, como uma área-chave das TIC para a gestão de catástrofes.


## 1.2 OBJECTIVOS

O objetivo geral desta investigação é identificar a forma de aproveitar o poder das TIC para reduzir as vulnerabilidades causadas pelas catástrofes naturais induzidas pelas alterações climáticas nas zonas rurais do Bangladesh.

Os objectivos da investigação foram:
1. A identificação das vulnerabilidades agravadas pelas catástrofes naturais induzidas pelas alterações climáticas nas comunidades rurais do Bangladesh.
2. Uma análise das aplicações actuais das TIC para reduzir as vulnerabilidades agravadas pelas catástrofes naturais induzidas pelas alterações climáticas.
3. Análise crítica do modelo alargado Tecnologia-Comunidade-Gestão, para explorar o papel das TIC na gestão das catástrofes naturais induzidas pelas alterações climáticas no Bangladesh.

4. Proposta de componentes essenciais na utilização das TIC, para reduzir as vulnerabilidades agravadas pelas catástrofes naturais induzidas pelas alterações climáticas no Bangladesh e noutros países em desenvolvimento semelhantes.


## 1.3  QUESTÕES DE INVESTIGAÇÃO

A principal questão de investigação era:
- Como podem ser aproveitados no Bangladesh os benefícios das TIC para reduzir as vulnerabilidades agravadas pelas catástrofes naturais induzidas pelas alterações climáticas?

A principal questão de investigação foi dividida nas seguintes sub-perguntas:

1. Como é que as catástrofes naturais induzidas pelas alterações climáticas estão a aumentar as vulnerabilidades das comunidades rurais no Bangladesh?
2. Como podem as TIC beneficiar a gestão das catástrofes naturais induzidas pelas alterações climáticas e reduzir as vulnerabilidades no Bangladesh?
3. Poderá o modelo alargado Tecnologia-Comunidade-Gestão (TCM) facilitar a nossa compreensão das TIC e da gestão das catástrofes naturais induzidas pelas alterações climáticas no Bangladesh?
4. Quais são os componentes essenciais a ter em conta para utilizar os benefícios das TIC na gestão das catástrofes naturais induzidas pelas alterações climáticas?

## 1.4  BASES TEÓRICAS E QUADRO ANALÍTICO

A investigação teve como objetivo compreender como as TIC (tecnologia), juntamente com outros componentes, podem interagir para reduzir as vulnerabilidades causadas pelas catástrofes naturais induzidas pelas alterações climáticas no Bangladesh. O modelo Tecnologia-Comunidade-Gestão (TCM) é uma teoria baseada em procedimentos que propõe que a intersecção das caraterísticas tecnológicas das TIC , juntamente com as dimensões de software e hardware, as dimensões de gestão de projectos dos requisitos financeiros, o ambiente regulamentar, o envolvimento das partes interessadas e a participação da comunidade local, acabarão por conduzir a intervenções sustentáveis das TIC para o Desenvolvimento (ICT4D) (Lee e Chib 2008; Chib e Zhao 2009). A versão alargada do modelo (Figura 1) proposto por Chib e Komathi (2009) considera os factores em que se centra esta investigação.

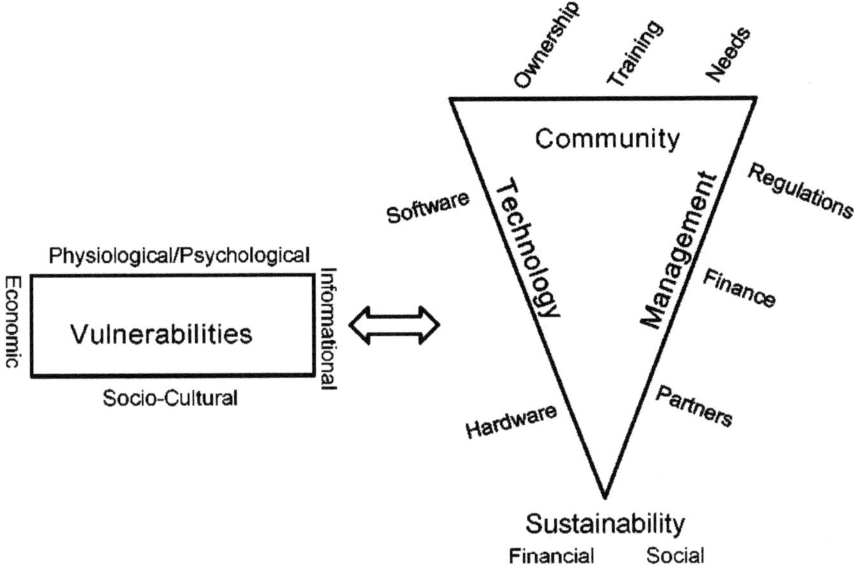


Fonte: Chib & Komathi (2009).

O modelo alargado argumenta que a participação da comunidade na adoção das TIC dentro de um contexto legal e institucional específico pode reduzir as vulnerabilidades causadas por catástrofes naturais e garantir o desenvolvimento sustentável. O modelo MTC alargado, ou uma versão adaptada do modelo, foi utilizado em Chib et al. (2010) e Chib e Komathi (2009), para analisar a gestão de catástrofes em países em desenvolvimento, como a China, a Índia e a Indonésia, da mesma região onde se situa o Bangladesh. Esta pesquisa utilizou o modelo e xtended TCM como um quadro analítico, que foi revisto criticamente à luz da literatura existente e da evidência empírica, para compreender a sua capacidade de analisar as questões de investigação desta pesquisa. Com base na revisão crítica da sua capacidade para explicar o contexto de países em desenvolvimento como o Bangladesh e as questões de investigação aqui consideradas, foi decidido que o modelo seria alterado, se necessário.

## 1.5 METODOLOGIA

Para beneficiar dos pontos fortes da investigação quantitativa e qualitativa, foi escolhido um método misto para esta investigação, tendo em conta as questões de investigação (Johnson e Onwuegbuzie 2004; Onwuegbuzie e Leech 2006; Johnson et al. 2007). Para encontrar provas empíricas que apoiassem a questão de investigação, esta investigação analisou dados primários e secundários recolhidos em entrevistas, inquéritos, um estudo de caso secundário e uma análise de vídeo secundária. Foram utilizados vários métodos, ferramentas e fontes para justificar as conclusões de diferentes fontes. Tendo em conta o tempo limitado disponível, foi realizado um inquérito por amostragem com 30 amostras para obter dados quantitativos (Walliman 2006). Foi utilizado um sistema de inquérito em linha, o LimeSurvey, para recolher e gerir os dados, uma vez que a investigação tem de ser realizada no campus em Manchester. Pela mesma razão, os pedidos de resposta ao inquérito foram comunicados por correio eletrónico, fóruns em linha e redes sociais. Foram realizadas cinco entrevistas por telefone e Skype, com a participação de um entrevistador profissional local para a recolha de dados qualitativos. Um estudo de caso secundário disponível na literatura existente foi selecionado tendo em conta as questões de investigação e analisado com outras fontes de dados. Foram selecionados trinta vídeos secundários do *YouTube* utilizando a ferramenta em linha *ContextMiner*, que pode filtrar e arquivar vídeos com base em determinados critérios (Shah 2012). Os vídeos selecionados foram analisados para gerar dados quantitativos e qualitativos utilizando um esquema de codificação predefinido. Os dados quantitativos foram analisados utilizando o pacote Statistical Package for the Social Sciences (SPSS) e os qualitativos foram analisados criticamente tendo em conta as questões de investigação.

## 1.6 LIMITAÇÕES

T curto período de tempo disponível foi a principal limitação desta investigação, que teve impacto na capacidade de recolher dados suficientes para tirar conclusões com provas estatisticamente significativas e com confiança, mas foi recolhida a quantidade mínima de dados sem comprometer a qualidade. A investigação foi realizada no campus, o que pôs em causa a capacidade de recolher dados primários, mas foram utilizados todos os meios possíveis e ferramentas em linha disponíveis para minimizar esta limitação. A recolha de dados do Bangladesh utilizando ferramentas em linha foi outro desafio, porque os inquiridos preferem interações cara a cara e nem todos se sentem à vontade com o Skype ou com uma entrevista por telefone. Para ultrapassar este desafio, recorreu-se a um entrevistador profissional.

## 1.7 ESTRUTURA

### Capítulo 1: Introdução

Este capítulo apresenta os objectivos e as questões de investigação da pesquisa, fornecendo informação de base sobre as TIC, as alterações climáticas e a gestão de catástrofes no Bangladesh.

### Capítulo 2: Revisão da literatura

O capítulo dois analisa a literatura existente para explorar as teorias relevantes, os resultados da investigação sobre as TIC, as alterações climáticas e a gestão de catástrofes relevantes para as questões de investigação.

### Capítulo 3: Quadro analítico

Este capítulo analisa exaustivamente o modelo alargado de MTC tendo em conta a literatura existente e, com base nessa análise, propõe o quadro analítico da presente investigação.

### Capítulo 4: Metodologia

Este capítulo explica a metodologia pormenorizada, a conceção da investigação, a recolha de dados e a análise de dados para a investigação.

**Capítulo 5: Conclusões**

O capítulo 5 apresenta os resultados dos dados recolhidos através de inquéritos, entrevistas, estudos de casos e vídeos, a fim de encontrar provas empíricas para responder às questões de investigação.

**Capítulo 6: Análise e recomendações**

Este capítulo analisa a mudança climática e a prática de gestão de desastres no Bangladesh, a fim de responder às questões de pesquisa usando o quadro teórico e aplicando-o criticamente no contexto do Bangladesh. Também fornece recomendações para os decisores políticos e profissionais do Bangladesh e dos países em desenvolvimento, com base na análise.

**Capítulo 7: Conclusões e debate**

O sétimo capítulo conclui a investigação, resumindo os resultados à luz dos objectivos e das questões de investigação. Recomenda igualmente a realização de novos estudos neste sector.

# CAPÍTULO 2: REVISÃO DA LITERATURA

Uma revisão sistemática da literatura é uma parte essencial do processo de investigação que ajuda a colocar as questões de investigação num contexto mais amplo e elimina a necessidade de redescobrir o conhecimento que já foi relatado (Berrg 2001; Fisher et al. 2010). Tendo isto em mente, este capítulo explora a literatura chave sobre as TIC e a gestão de catástrofes naturais induzidas pelas alterações climáticas no Bangladesh, para descobrir o conhecimento existente disponível sobre estas questões.

## 2.1 IMPACTO DAS ALTERAÇÕES CLIMÁTICAS NOS PAÍSES EM DESENVOLVIMENTO

Com base nas afirmações de investigadores e cientistas, é cada vez mais difícil ignorar o possível impacto das alterações climáticas. Em 2007, a Convenção-Quadro das Nações Unidas sobre as Alterações Climáticas (CQNUAC) discutiu os processos das alterações climáticas, identificou as caraterísticas e as ameaças por elas causadas, o que indica claramente as ligações entre as alterações climáticas e as catástrofes naturais (Figura 2), considerando-as a principal ameaça causada pelas alterações climáticas (CQNUAC 2007). O último relatório de avaliação do Painel Intergovernamental sobre as Alterações Climáticas (IPCC) (2007) resumiu o possível impacto setorial das alterações climáticas em função do aumento da temperatura (Figura 3). O relatório prevê um impacto potencial em milhões de pessoas devido ao stress hídrico, ao impacto negativo visível na segurança alimentar, ao aumento dos danos provocados por inundações e tempestades e ao aumento significativo da morbilidade devido a vagas de calor, inundações e secas. Os investigadores e cientistas apoiam amplamente os argumentos do relatório do PIAC e confirmam que a gravidade e a intensidade de fenómenos climáticos extremos, como secas, inundações, ciclones, monções intensas, erosão costeira e salinização, são susceptíveis de aumentar, juntamente com inundações permanentes devido à subida do nível do mar resultante das alterações climáticas (Warrick 1990; Murty e Flather 1994; Samarakoon 2004; Shindell 2007; Yunus 2007; National Research Council 2010; He 2011).

**FIGURA 2: ALTERAÇÕES CLIMÁTICAS: PROCESSOS, CARACTERÍSTICAS E AMEAÇAS**

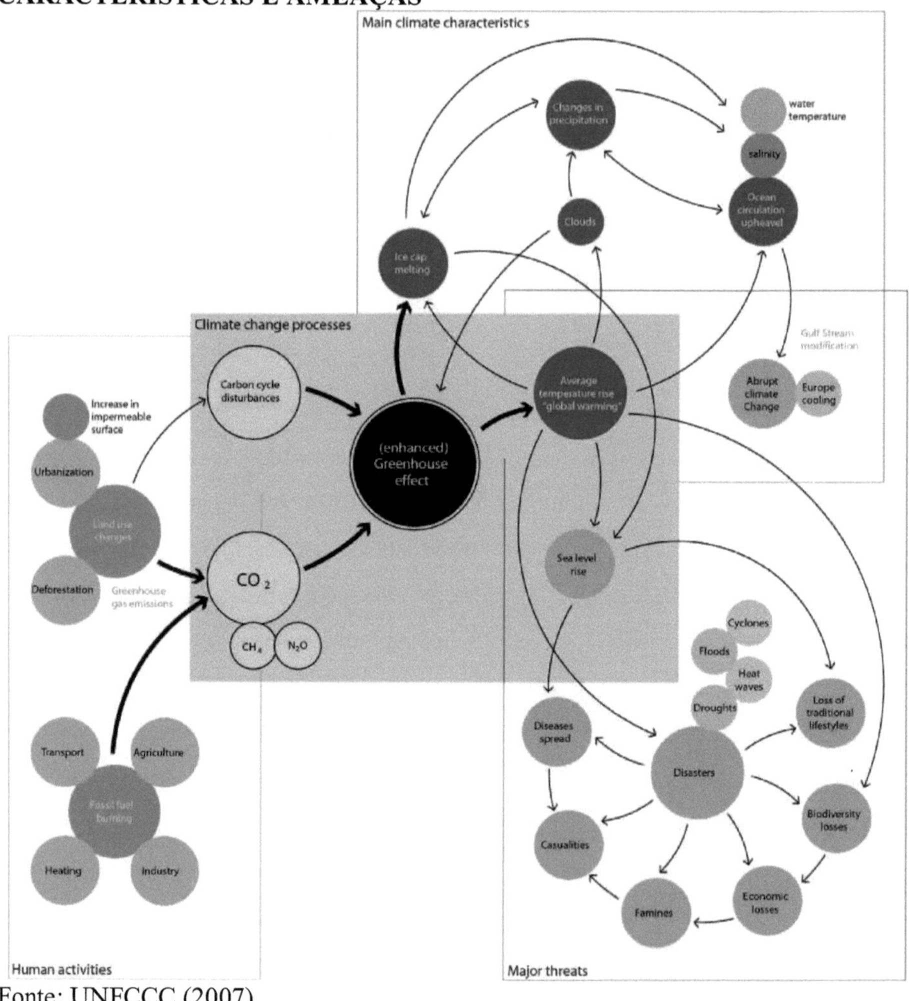


Fonte: UNFCCC (2007).

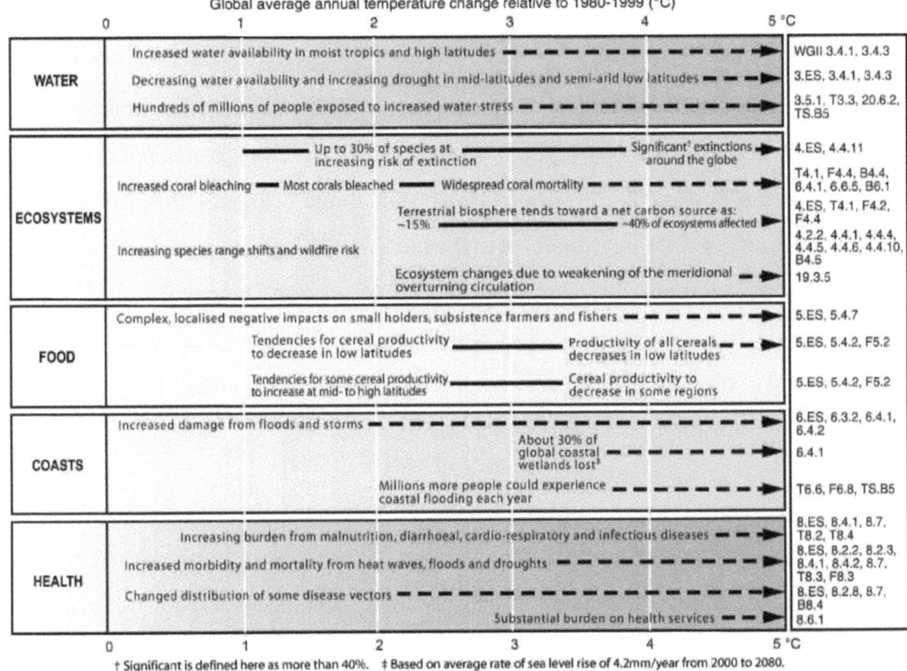


## FIGURA 3: PRINCIPAIS IMPACTOS EM FUNÇÃO DO AUMENTO DA VARIAÇÃO DA TEMPERATURA MÉDIA GLOBAL

Fonte: IPCC (2007).

Uma pesquisa com dados sobre catástrofes naturais de 1990 a 2002 mostra que o número total de mortes causadas por catástrofes naturais é maior nos países em desenvolvimento do que nos países desenvolvidos (Kahn 2005). Num evento de catástrofe natural da mesma magnitude, o número total de mortes nos países em desenvolvimento é também mais elevado *(ibid.)*. Entre 1985 e 1999, 65% das mortes causadas por catástrofes naturais ocorreram em países com rendimentos inferiores a 760 dólares per capita (IPCC 2001; Kahn 2005). As perdas económicas causadas por catástrofes naturais em percentagem do Produto Nacional Bruto (PNB) são mais elevadas nos países desenvolvidos (WB 2006; Yap 2011). Estes fenómenos climáticos extremos têm um impacto no ambiente físico e na disponibilidade de recursos, o que tem um impacto negativo na redução da pobreza e no crescimento económico e põe em causa a realização dos objectivos de desenvolvimento dos países em desenvolvimento (Yap 2011; Khatun e Islam 2010; Schipper e Pelling 2006; Mallick et al. 2005). O Prémio Nobel Muhammad Yunus referiu que, infelizmente, o mundo em desenvolvimento mais pobre é mais vulnerável a esta destruição de catástrofes naturais e que os países costeiros de baixa altitude estão em risco de inundação permanente (Yunus 2007). Os dados dos estudos acima referidos sugerem que, no passado, os países em desenvolvimento foram gravemente afectados pelas catástrofes naturais induzidas pelas alterações climáticas e que é provável que estes impactos aumentem no futuro, à medida que o número de catástrofes naturais aumenta e estas se tornam mais graves.

Kellogg (1982) argumentou que as catástrofes naturais induzidas pelas alterações climáticas não só estão a causar mortes e danos, como também influenciam positivamente a produção de arroz na China, Índia, Indonésia, Japão, Bangladesh e Tailândia devido ao clima mais quente. No entanto, a fraqueza desta afirmação reside no facto de acontecimentos súbitos, como ciclones e inundações, poderem danificar as culturas antes da colheita.


## 2.2 IMPACTO DAS ALTERAÇÕES CLIMÁTICAS NO BANGLADESH

O Bangladesh, um delta de 1,47,570 km2 na Baía de Bengala, é um país em desenvolvimento com 160 milhões de habitantes no sul da Ásia. A figura 4 mostra a localização do Bangladesh e dos países vizinhos. Vários estudos revelaram que o país é gravemente afetado pelas alterações climáticas devido aos seus factores hidrológicos, geológicos e socioeconómicos (IDS 2012; CCC 2008a; CCC 2008c; Universidade de Cambridge 2008; Shamsuddoha e Chowdhury 2007; Ericksen et al. 1996). Cerca de 65% da área terrestre do país situa-se nas planícies aluviais de três grandes rios, o Ganges, o Brahmaputra e o Meghna, com uma elevação do terreno que varia entre 1 e 3 metros acima do nível médio do mar (CCC 2008b; Mallick et al.

2005). A Figura 5 apresenta o mapa topográfico do país, que mostra como está rodeado por terras altas na Índia e no Nepal e tem uma queda acentuada da elevação da terra perto das fronteiras do Bangladesh, com uma vasta terra baixa e plana no interior do país.

O Bangladesh tem uma das maiores redes fluviais do mundo, com um número total de cerca de 700 rios, incluindo afluentes (Banglapedia 2006a). A Figura 6 apresenta o mapa dos rios do Bangladesh, que dá uma ideia da vasta rede fluvial do país. Durante a monção, a água da chuva das terras altas, montanhas e colinas corre para as terras baixas e planas do Bangladesh, causando graves inundações. Os rios do Bangladesh descarregam cerca de 180 000 m³ /s de água durante a estação das cheias, o que é o segundo maior do mundo a seguir à Amazónia, drenando o escoamento de uma bacia hidrográfica de 1,7 milhões de km2; 92,5% desta bacia situam-se fora do Bangladesh (Mallick et al. 2005; MOEF 2008). Por conseguinte, o aumento da severidade das monções a montante causado pelas alterações climáticas é suscetível de provocar inundações mais graves a jusante.

## FIGURA 4: MAPA DE LOCALIZAÇÃO DO BANGLADESH

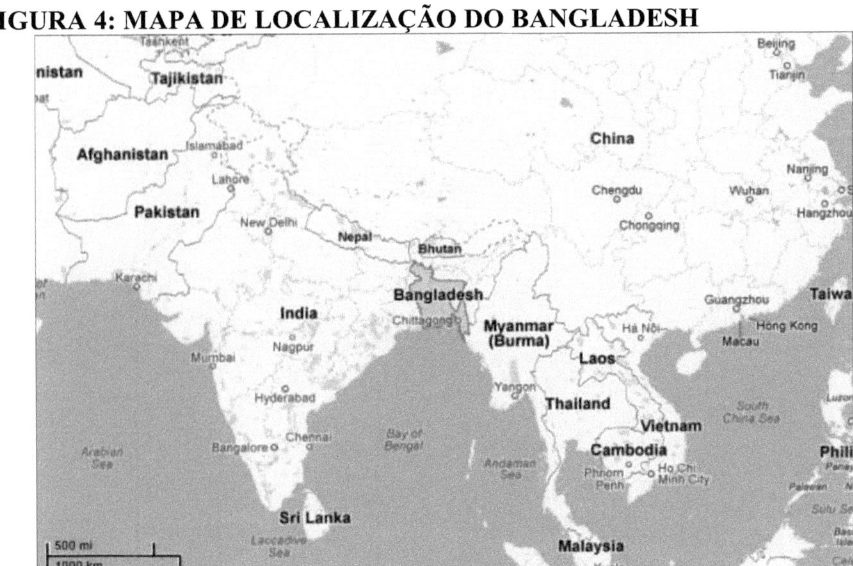


Fonte: Mapa do Google.

As alterações de temperatura na Baía de Bengala geram ciclones e provocam vagas de tempestade na região costeira do Bangladesh. A Baía de Bengala forma um funil à medida que o mar se torna estreito perto da zona costeira do Bangladesh e, à medida que se torna ainda mais estreito perto da zona de Chittagong (Figura 4 e Figura 5), intensifica a vaga de tempestade. Para além dos danos iniciais causados, a tempestade tem também um impacto negativo a longo prazo na agricultura e na segurança alimentar, uma vez que transporta água salgada da Baía de Bengala para o interior, prejudicando a vegetação e diminuindo a fertilidade das terras agrícolas. Durante os últimos 36 anos, a área afetada pela água salgada aumentou 26,7% no Bangladesh (Tareque e Chowdhury 2010). O aquecimento global e a subida do nível do mar são susceptíveis de agravar ainda mais a situação.

# FIGURA 5: MAPA TOPOGRÁFICO DO BANGLADESH

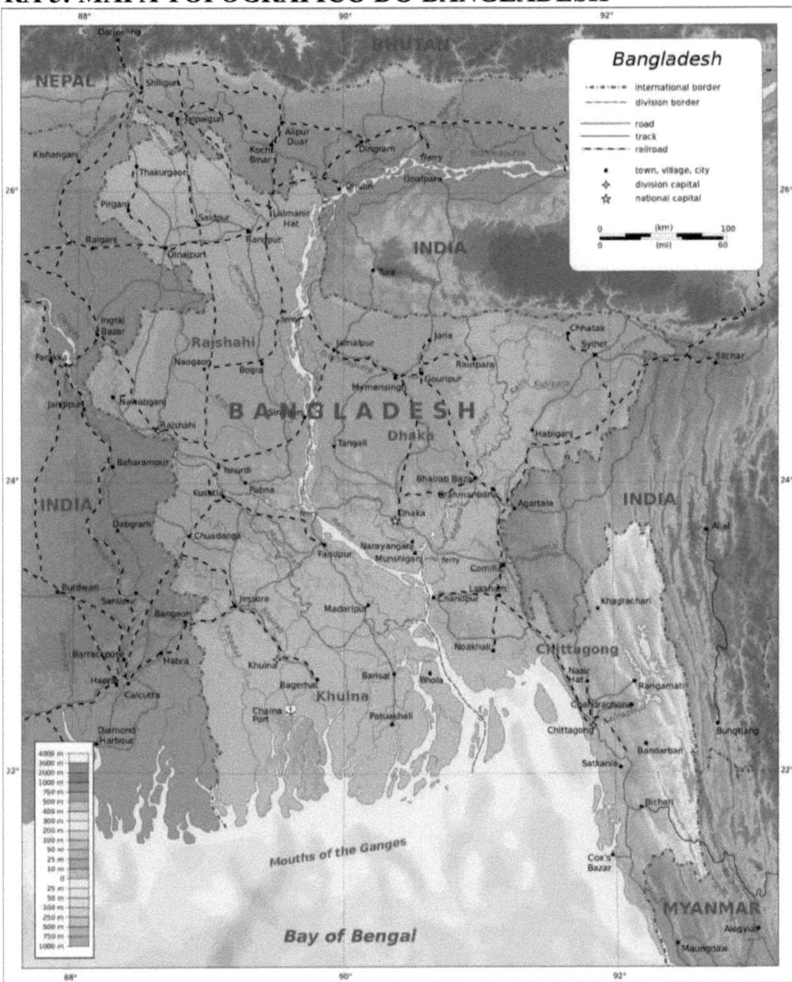


Fonte: Mysid (2010).

**FIGURA 6: RIOS DO BANGLADESH**

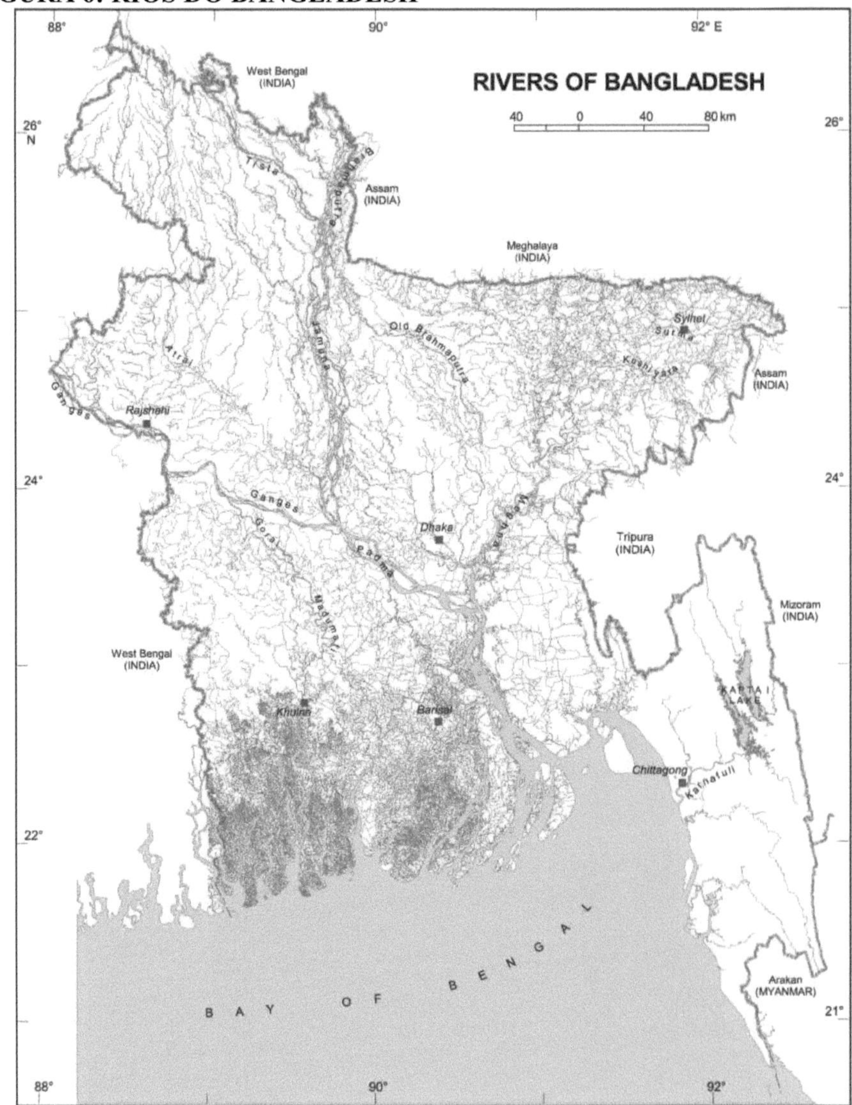



Fonte: Banglapedia (2006b).

Os estudos revelam que o Bangladesh se encontra entre os países que registam as taxas de mortalidade mais elevadas devido a catástrofes naturais (Kahn 2005). Maplecroft (2012) acaba de publicar a classificação dos riscos naturais de 2012 (Quadro 1) em 15 de agosto de 2012, em que o Bangladeche foi classificado como o país mais exposto aos riscos relacionados com os perigos naturais. A intensidade e a frequência das catástrofes, como as inundações, os ciclones, as secas e a intrusão salina, aumentaram devido às alterações climáticas (Dessler 2012; He 2011; Parvin e Takahashi 2008; Romilly 2007; Warrick 1990; PNUD 2004; Mallick et al. 2005). A devastação causada por catástrofes recentes, como o ciclone *Sidr*, a 15 de novembro de 2007, o ciclone *Nargis*, em maio de 2008, as inundações e os alagamentos em 2008, o ciclone *Rashmi*, a 26 de outubro de 2008, o ciclone *Bijli*, a 18 de abril de 2009, e o ciclone *Aila*, a 25 de maio de 2009, não deram tempo suficiente para recuperar os danos e diminuir as vulnerabilidades. Por conseguinte, pode concluir-se que as alterações climáticas começaram a aumentar a frequência das catástrofes no Bangladesh, que poderão tornar-se mais frequentes e intensas num futuro próximo. A figura 7 apresenta um mapa das áreas afectadas por diferentes tipos de catástrofes relacionadas com o clima no Bangladesh, que mostra que a maior parte da superfície terrestre tem potencial para ser afetada.

**QUADRO 1: RISCO DE DESASTRES NATURAIS - CLASSIFICAÇÃO 2012**

| Rank | Country |
|---|---|
| 1 | Bangladesh |
| 2 | Philippines |
| 3 | Dominican Republic |
| 4 | Burma |
| 5 | India |

Fonte: Maplecroft (2012).

Embora os efeitos negativos das catástrofes sejam amplamente discutidos, estas também têm alguns impactos positivos. As cheias transportam uma enorme quantidade de sedimentos aluviais, fazendo do Bangladesh um dos países mais férteis do mundo e aumentando a produtividade das terras agrícolas (Brammer 1990). No entanto, relatórios recentes mostram que as inundações estão a deixar cada vez mais areias, resultando na perda de fertilidade (Rahman 2012b). A deposição de lodo é suscetível de aumentar a elevação da terra, mas o processo é mais lento do que o aumento estimado da subida do nível do mar. Assim, a maior parte da literatura apoia o argumento de que o Bangladesh está a ser genuinamente afetado pelas catástrofes naturais induzidas pelas alterações climáticas e que a situação se agravará nos próximos anos.

## FIGURA 7: ÁREAS AFECTADAS POR DIFERENTES TIPOS DE CATÁSTROFES RELACIONADAS COM O CLIMA

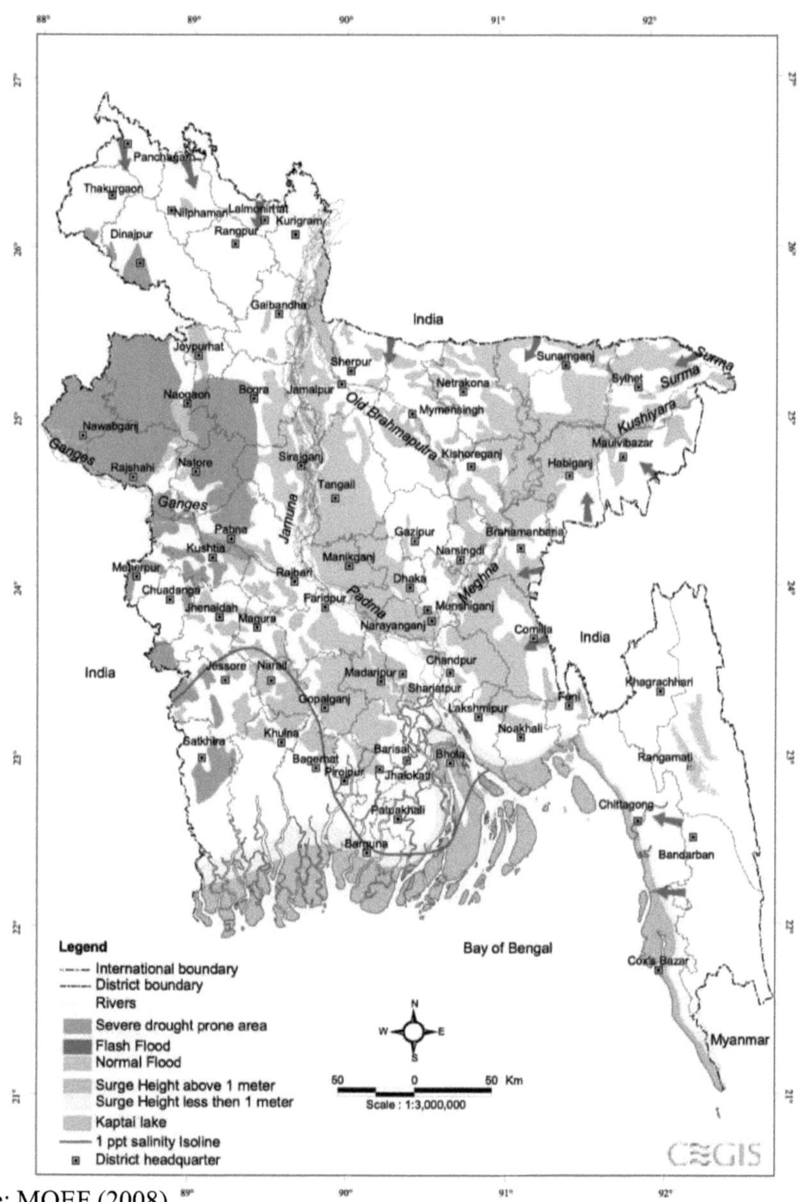


Fonte: MOEF (2008).

## *2.2.1 Impacto das catástrofes naturais induzidas pelas alterações climáticas na economia do Bangladesh*

As alterações climáticas têm um impacto visível na economia do Bangladesh. O Governo do Bangladesh estimou que o custo anual direto das catástrofes naturais agravadas pelas alterações climáticas é de cerca de 0,5% a 1% durante os últimos 10 anos (MOEF 2008). No entanto, Yu et al. 2010 estimaram uma perda anual de 1,15% do PIB total durante 2005-2050. O relatório estima igualmente que, no período 2005-50, a produção alimentar no Bangladesh diminuirá em 80 Mt, o que significa uma perda de produção de arroz equivalente a 2 anos em 45 anos. As catástrofes causadas pelas alterações climáticas têm um impacto a longo prazo nas actividades económicas e sociais dos pobres, devido ao esgotamento dos bens, à erosão dos rendimentos devido à perda de emprego, ao aumento do endividamento e à emigração (DMB 2010). Como já foi referido no Capítulo 1, esta perda económica dificultou a concretização dos objectivos de desenvolvimento do Bangladesh (Yap 2011; Khatun e Islam 2010; Mitchell e Aalst 2008). No entanto, as abordagens integradas de adaptação às alterações climáticas e de gestão do risco de catástrofes podem ajudar a reduzir a pobreza (Few et al. 2006). Por conseguinte, a gestão das catástrofes é importante para assegurar o crescimento económico, reduzir a pobreza e atingir os objectivos de desenvolvimento.

## *2.2.2 Impacto das catástrofes naturais induzidas pelas alterações climáticas nas zonas rurais do Bangladesh*

O Bangladesh é um país com uma elevada densidade populacional rural (cerca de 72%) e com uma economia predominantemente agrária (BBS 2011a). O impacto das alterações climáticas é mais sentido nas zonas rurais do país devido ao seu impacto na agricultura, e a maioria dos meios de subsistência rurais são vulneráveis às alterações climáticas, devido ao seu impacto negativo em quase todos os meios de actividades económicas, incluindo as culturas, a pesca, a pecuária, as indústrias caseiras e outros (PC 2012). Outros factores, como a elevada pobreza, os baixos níveis de alfabetização, os baixos níveis de competências em TIC, os baixos níveis de acesso às TIC, a indisponibilidade de alimentos, as fracas infra-estruturas e os abrigos seguros inadequados durante as catástrofes, intensificam as vulnerabilidades rurais, tal como referido anteriormente no Capítulo 1 (Srivastava 2009; Chib e Komathi 2009; Alam e Collins 2010; Yap 2011). Infelizmente, as zonas do Bangladesh altamente propensas a catástrofes, na sua maioria rurais, são também onde vivem as camadas mais pobres da população (Khandker 2007). Assim, é evidente na literatura que os impactos das catástrofes naturais induzidas pelas alterações climáticas são piores nas zonas rurais do Bangladesh.


## 2.3 GESTÃO DAS CATÁSTROFES NATURAIS NO BANGLADESH

A gestão de catástrofes surgiu em 1971, com o aparecimento do Bangladesh como um novo país. Nessa altura, a gestão de catástrofes centrava-se principalmente na atuação após o efeito da catástrofe (Sabur 2012). Os danos causados pelas inundações do final da década de 1980 e pelo ciclone mortal de 1991 não deixaram outra alternativa senão mudar o conceito de atuação apenas após a ocorrência da catástrofe para o conceito de gestão total das catástrofes (Figura 8), que envolve a mitigação, a prevenção, a preparação, a resposta, a recuperação e o desenvolvimento (MOFDM 2012).

**FIGURA 8: CICLO DE REDUÇÃO DO RISCO DE CATÁSTROFES**

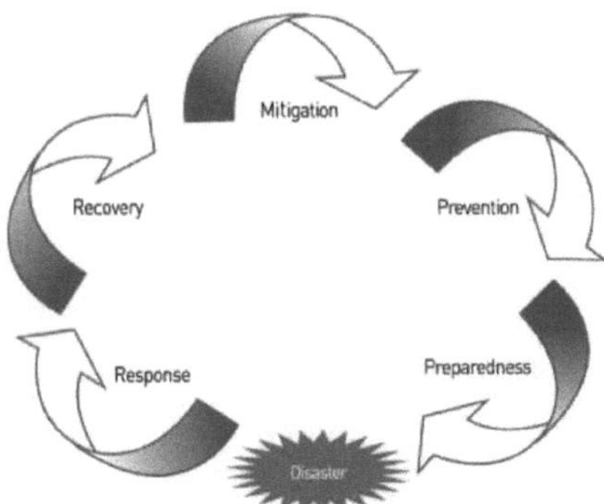


Fonte: UN-APCICT (2010).

Esta mudança de paradigma foi seguida pelo estabelecimento do Gabinete de Gestão de Desastres (DMB) como uma unidade profissional a nível nacional em 1992, sob o então Ministério de Gestão de Desastres e Socorro. O governo do Bangladesh iniciou o projeto 'Apoio à Gestão Abrangente de Desastres' em 1993, com o objetivo geral de reduzir os custos humanos, económicos e ambientais dos desastres no Bangladesh, compreendendo os danos e a destruição que os desastres naturais estão a causar (ADRC 2003). O projeto criou o âmbito para a formulação do Programa de Gestão Global de Catástrofes (CDMP), com o apoio do Governo, dos parceiros de desenvolvimento e das agências internacionais para uma abordagem mais holística da gestão do risco *(ibid.)*. A fase I do CDMP, um programa conjunto do Ministério da Alimentação e Gestão de Desastres (MOFDM), Departamento para o Desenvolvimento Internacional (DFID), PNUD e CE lançado em 2003, tinha como objetivo melhorar a capacidade dos sistemas de gestão de desastres do Bangladesh para reduzir os riscos inaceitáveis, empreender actividades de resposta e recuperação e apoiar as reformas políticas e de planeamento. A gestão de catástrofes deixou de estar centrada na resposta e passou a centrar-se na redução global dos riscos (UNOPS 2009). Em 2004, no âmbito do MDLP, foi criada no Bangladesh uma Célula de Alterações Climáticas (CCC), com o apoio de agências de desenvolvimento australianas e europeias, para reforçar a capacidade técnica do Departamento do Ambiente do Bangladesh, de modo a poder apoiar o Governo na formulação da sua política em matéria de alterações climáticas e a dar ênfase às alterações climáticas nas intervenções de desenvolvimento (PNUD e GOB 2012). O programa criou uma Rede de Conhecimentos sobre Alterações Climáticas (CCKN) para gerir e divulgar os resultados da investigação da célula. Após o fim da fase I em 2009, a fase II (2010-2014) do CDMP está agora a canalizar apoio através do governo, dos parceiros de desenvolvimento, da sociedade civil e das ONG, para uma parceria de gestão de catástrofes e redução de riscos orientada para as pessoas (MOFDM 2012).

## 2.4 PAPEL DA ICTS NA GESTÃO DAS CATÁSTROFES NATURAIS

Yap (2011) afirmou que, embora o papel das TIC na adaptação comunitária e nacional para o impacto a longo prazo tenha sido revisto na literatura, o papel das TIC na minimização e gestão de eventos agudos de alterações climáticas, como as catástrofes naturais, é pouco analisado (Ospina e Heeks 2011; Ospina e Heeks 2010; Maclean 2008;

Roeth et al. 2008). No entanto, artigos recentes, por exemplo, (Shuvra 2011; UN-APCICT 2010; Asimakopoulou e Bessis 2010; Chib et al. 2010; Subedi 2010; Srivastava 2009) descreveram o papel das TIC para a gestão de catástrofes e alguns dos artigos apresentaram estudos de caso da utilização das TIC para a gestão de catástrofes. As TIC podem beneficiar em todas as fases do ciclo de gestão do risco de catástrofes (Figura 8) (Wattegama 2007; Yap 2011). As TIC, como a rádio, a rádio comunitária e a televisão, podem desempenhar um papel na redução do risco, na prevenção de desastres e na fase de prontidão, onde a rádio, a rádio comunitária, a televisão, a rádio por satélite, os telefones fixos e móveis, o CBS e o SMS podem ser usados para fornecer um aviso prévio durante os desastres. O salvamento, a recuperação e a reabilitação podem beneficiar do SIG, do GPS, da teledeteção por satélite, da Internet e do correio eletrónico. Diferentes modelos de simulação baseados em computador são também capazes de identificar zonas de risco de catástrofe, o que pode ajudar no planeamento pré-catástrofe.

## QUADRO 2: VANTAGENS E DESVANTAGENS DOS ICTS PARA A GESTÃO DE CATÁSTROFES

| ICT Application | Advantages | Disadvantages |
|---|---|---|
| Cell Broadcasting | • Not affected by traffic load.<br>• Will not add to congestion.<br>• Messages can be differentiated by cells or sets of cells.<br>• Greater authenticity of message. | • Must be literate.<br>• Phone must be switched on.<br>• Phone must be set to receive cell broadcasting. |
| GIS and Remote Sensing | • Continuous monitoring.<br>• Spatial presentation of data.<br>• Facilitates cooperative effort. | • Require high bandwidth.<br>• Require high-speed networks.<br>• Costly hardware and software<br>• Require skilled professionals.<br>• Difficulty capturing qualitative data. |
| Internet/Email | • Interactive.<br>• Multiple sources can be checked for accuracy of information. | • Low penetration rate.<br>• Must be literate.<br>• Internet content in local languages may be limited. |
| Mobile Phone (Text SMS) | • High penetration rate.<br>• Portable.<br>• Relatively low cost. | • Must be literate.<br>• No indication that message is generated by a legitimate authority.<br>• Subject to congestion and, thereby, delay. |
| Radio | • One-to-many broadcasting.<br>• Does not require user to be literate.<br>• Portable. | • Less effective at night. |
| Satellite Communications | • Independent of terrestrial communication network that can be damaged by natural hazards. | • High cost of systems hardware and bandwidth utilisation.<br>• Unlikely to work indoors. |
| Telephone | • Does not require user to be literate. | • Inadequate penetration rates.<br>• Congestion of phone lines during emergencies.<br>• Disasters can damage infrastructure. |
| Television | • One-to-many broadcasting.<br>• Does not require user to be literate. | • Less effective at night. |

Fonte: UN-APCICT (2010).

O UN-APCICT (2010) apresentou as vantagens e desvantagens das TICs (Tabela 2) para a gestão de desastres. A tabela descreve que, embora tecnicamente, a transmissão celular e as mensagens de texto sejam boas opções para a disseminação do alerta precoce, o utilizador precisa de ser alfabetizado para beneficiar delas. Considerando a realidade dos países em desenvolvimento, o correio eletrónico/internet e a comunicação por satélite não são uma boa opção para a entrega de avisos de última hora. A tecnologia baseada no SIG e na deteção remota é uma ferramenta poderosa para a monitorização e o mapeamento, mas necessita de uma grande largura de banda, o que é um desafio nos países em desenvolvimento. A utilização da rádio e da televisão continua a ser a melhor opção, uma vez que tem menos desvantagens. Com base no contexto local, uma única forma de TIC pode não ser a melhor solução, podendo ser necessária uma combinação de TIC para a gestão de catástrofes. As evidências mostram que, apesar de todo o potencial, a falha da infraestrutura das TIC durante as catástrofes pode torná-la inútil, o que questiona o valor das TIC (Townsend e Moss 2005). No entanto, a implantação de um sistema de reserva com uma análise de risco adequada pode manter as TIC em funcionamento.

### 2.4.1 A situação das TIC no Bangladesh

As TIC são um sector vibrante, dinâmico e em rápido crescimento no Bangladesh, mas este país está classificado no 137.º lugar[th] entre 152 países no Índice de Desenvolvimento das TIC (IDI) 2010 da UIT (UIT 2011). A declaração "Bangladesh Digital até 2021" indica o apoio do atual governo para aproveitar os benefícios deste sector, mas os peritos afirmam que a operacionalização da declaração através de uma política de apoio e do seguimento de um roteiro adequado é ainda essencial (Siddiqi 2009; Rahman 2009; A2I 2011a). O Bangladeche tem uma cobertura de 90% de telemóveis em termos de área terrestre e o número total de assinantes, em junho de 2012, era de 93,8 milhões, o que significa 61,5% de assinaturas móveis (A2I 2011a; BBS 2011b; BTRC 2012b). No entanto, o número real de assinaturas é inferior, uma vez que a geração mais jovem tem tendência a possuir várias assinaturas para reduzir os custos de comunicação, o que representava 10% do total de assinantes em 2008 no Bangladesh (LIRNEasia 2008; Islam 2010). A rede telefónica fixa tem apenas 1,6 milhões de assinantes, o que corresponde a apenas 1,06% das assinaturas (ITU 2012; UN Data 2012). A figura 9 apresenta um gráfico de linhas que mostra as taxas de subscrição de telemóveis, telefones fixos e Internet no Bangladesh e revela um crescimento notável das subscrições de telemóveis após 2004, ao passo que as subscrições de linhas fixas e de Internet registaram um crescimento comparativamente lento.

**FIGURA 9: ASSINATURAS DE TELEMÓVEL, TELEFONE FIXO E INTERNET NO BANGLADESH**

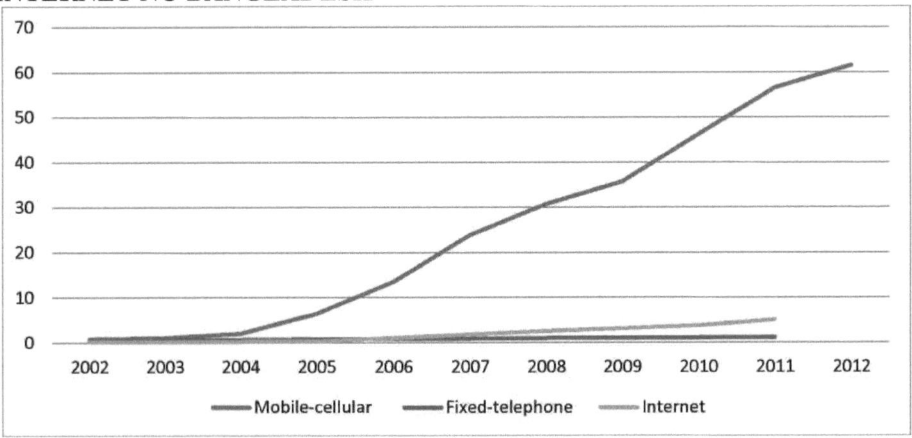


Fonte: Cálculo baseado em BBS (2011), BTRC (2012), ITU (2012) e dados da ONU (2012).

O Bangladesh está ligado à rede de cabos do Sudeste Asiático-Médio Oriente-Europa Ocidental-4 (SEA-ME-WE-4), com uma capacidade de transferência de dados de 1,28 terabit/s, mas sem qualquer ligação por cabo de reserva e planeia ligar-se à SEA-ME-WE-5 até 2014, que terá uma taxa de transferência de dados de 100 Gbps ( BBC News 2012; BSCCL 2012; Mamun 2012). O governo do Bangladesh registou 4,08% de penetração da Internet no Bangladesh em 2010 (A2I 2011a). De acordo com dados da ONU (2012) e com o recente relatório da BBC News (2012), o Bangladesh registou uma penetração de 5% da Internet em 2011. Sendo um país de 144 000 km2, o Bangladesh tem 15 000 km de espinha dorsal de fibra ótica, que liga 59 dos 64 distritos e 297 *upazilas* (limites administrativos no Bangladesh) das 554 *upazilas* do país (A2I 2011a). Os operadores móveis e os fornecedores de serviços Internet estão a utilizar esta espinha dorsal de fibra ótica para ligar a última milha. Cerca de 90% da área do Bangladesh está coberta por uma rede EDGE/GPRS, o que ajudou a alargar a cobertura da Internet nas zonas rurais (BTRC 2012a).

O Bangladeche importa 30 000 computadores por ano (A2I 2011a), mas tem um número muito baixo de utilizadores de computadores e da Internet. Os agregados familiares com um computador constituem apenas 3,1% de todos os agregados familiares e os agregados familiares com acesso à Internet em casa apenas 2,6% (WB e ITU 2012). Esta situação pode dever-se ao elevado custo da utilização das TIC no Bangladesh. O Bangladeche ficou em 120.º lugar[th] no índice de preços das TIC (2010) da UIT, onde o RNB per capita para o telefone fixo, o telemóvel e a Internet de banda larga é, respetivamente, 2,8, 4,2 e 31, o que mostra o elevado preço da largura de banda da Internet no Bangladeche (UIT 2011). Em 2010, 46% dos agregados familiares possuíam um aparelho de televisão no Bangladesh, sendo 76% dos habitantes urbanos e 32% da população rural (Hasan 2010). O governo do Bangladesh começou a emitir licenças de rádio comunitárias em 2008, o que permitiu que 12 rádios comunitárias entre 14 titulares de licenças começassem a funcionar em 2010 (Rahman 2012a).

Embora o atual governo do Bangladesh seja comparativamente positivo em relação aos governos anteriores nos seus planos para utilizar e divulgar os benefícios das TIC aos cidadãos, incluindo os pobres e marginalizados, algumas políticas estão a abrandar o ritmo de crescimento das TIC. As TIC e as tecnologias como WiMAX, VOIP, 3G e as rádios comunitárias eram ilegais no Bangladesh até muito recentemente. O Governo emitiu apenas 14 licenças de rádio comunitária para que estas pudessem começar a funcionar, desde dezembro de 2010 (Rahman 2012a). A tecnologia WiMax foi legalizada em 2009 (The Daily Star 2009). A tecnologia VOIP foi legalizada no ano seguinte (The Daily Star 2010). Os fornecedores de tecnologia 3G ainda estão à espera de licenças do governo do Bangladesh (MOPT 2012).

Para garantir a inclusão das pessoas pobres e marginalizadas, apesar do baixo nível de penetração das TIC, o governo propôs a criação de telecentros ao nível das bases, que podem dar acesso a serviços de TIC. Seguindo esta estratégia, o governo já criou 4501 telecentros em cada *Union* (instituto governamental local de nível inferior) no Bangladesh (A2I 2011b; Chowdhury 2011; Muhith 2012). Considerando o baixo nível de literacia em inglês e o contexto local, o governo proibiu recentemente os telemóveis sem teclado Bangla. Trata-se de um passo positivo do governo, mas, à exceção de alguns projectos-piloto dispersos, ainda não existe um sistema de texto SMS em bangla normalizado, que possa suportar todos os operadores e todos os dispositivos (UNB 2012).

## 2.4.2 *As TIC e a gestão de catástrofes no Bangladesh*

As Prioridades Estratégicas do Bangladesh Digital, publicadas em 2011, apresentam um roteiro pormenorizado, no qual as TIC, as alterações climáticas e a gestão de catástrofes recebem especial atenção. A estratégia propôs as seguintes medidas para utilizar as TIC na gestão das catástrofes e das alterações climáticas (A2I 2011a):

1. Instalação de satélites geoestacionários para assegurar uma monitorização próxima e constante dos padrões meteorológicos, a fim de prever melhor os fenómenos climáticos.
2. Melhoria do sistema de alerta precoce utilizando ferramentas TIC, tais como telemóveis, rádio VHV/UHF, rádio de difusão.
3. Utilização de GPS e rádio para desenvolver o Sistema de Monitorização de Embarcações (VMS), para ajudar os pescadores a encontrar o seu caminho durante as catástrofes.
4. Melhoria da modelação baseada em SIG existente, para prever a erosão fluvial a médio prazo, meses antes de essa erosão se verificar efetivamente;
5. Promoção de TIC ecológicas para garantir que o aumento da sua utilização não está a provocar alterações climáticas, contribuindo assim para as mesmas.
6. Emissão de mais licenças de rádio comunitárias, que podem desempenhar um papel importante na recuperação de catástrofes.
7. As rádios comunitárias, a televisão nacional (TV) e os canais de rádio devem ser mais aproveitados para transmitir programas sobre a gestão de catástrofes.

No Bangladesh, a utilização atual das TIC para a gestão de catástrofes está centrada principalmente no Centro de Previsão e Alerta de Cheias do Bangladesh (FFWC), mas é apoiada por dados e ajuda técnica da Organização de Investigação Espacial e Deteção Remota (SPARRSO), do Departamento Meteorológico do Bangladesh (BMD), do Centro de Serviços de Informação Ambiental e Geográfica (CEGIS), do Instituto de Gestão da Água e das Cheias (IWFM) e do Instituto de Modelação da Água (IWM). O FFWC, criado em 1972, opera um "Centro de Informação sobre Cheias" como ponto focal para a Gestão de Catástrofes, tanto para ciclones como para cheias (FFWC 2012). De acordo com o sítio Web do FFWC, estão a recolher dados utilizando uma rede sem fios de alta frequência de 67 estações, telemóveis de 3 estações, sistemas de telemetria de 14 estações, imagens de satélite e a Internet do BMD para dados de satélite e de radar de precipitação. O centro monitoriza os movimentos das nuvens e das depressões, estima a precipitação a partir da análise da temperatura das nuvens e monitoriza os ciclones na Baía de Bengala. O centro dispõe de um sistema baseado em SIG para a monitorização em tempo real do nível da água e do estado da precipitação para a previsão de inundações, que permite o intercâmbio automático de dados de e para modelos de previsão e a geração automática de relatórios sobre o estado das inundações ao nível da unidade administrativa local *(Thana)*. O FFWC utiliza um modelo hidrodinâmico unidimensional completo (MIKE 11 HD), que incorpora todos os principais rios e planícies aluviais e está ligado a um modelo concetual fixo de precipitação e escoamento (MIKE 11 RR), para gerar afluxos a partir de bacias hidrográficas no país. O centro divulga as previsões de inundações e ciclones através da Internet, correio eletrónico, fax, telefone, sistema de comunicação sem fios, rádio e televisão aos ministérios e departamentos governamentais relevantes, agências noticiosas, ONG, organizações internacionais de ajuda humanitária, embaixadas e consulados estrangeiros em Daca, bem como estações sem fios no terreno e outros locais, de acordo com as instruções do DMB. A figura 10 apresenta a previsão de cheias recentes durante as cheias de julho de 2012. Recentemente, o DMB pilotou o CBS para disseminar o alerta precoce entre pessoas e comunidades em risco de inundações e ciclones, o que é uma nova adição ao seu serviço (Prémio Manthan 2010).

## 2.5 RESUMO DO CAPÍTULO

Este capítulo apresenta os conhecimentos existentes na literatura disponível, o que ajuda a compreender o contexto e o que já se sabe sobre as questões de investigação. O capítulo seguinte apresentará o quadro analítico selecionado e analisará criticamente a sua capacidade para analisar as questões de investigação no contexto do Bangladesh.

**FIGURA 10: AMOSTRA DO MAPA DE PREVISÃO DE INUNDAÇÕES A NÍVEL NACIONAL GERADO PELA FFWC**

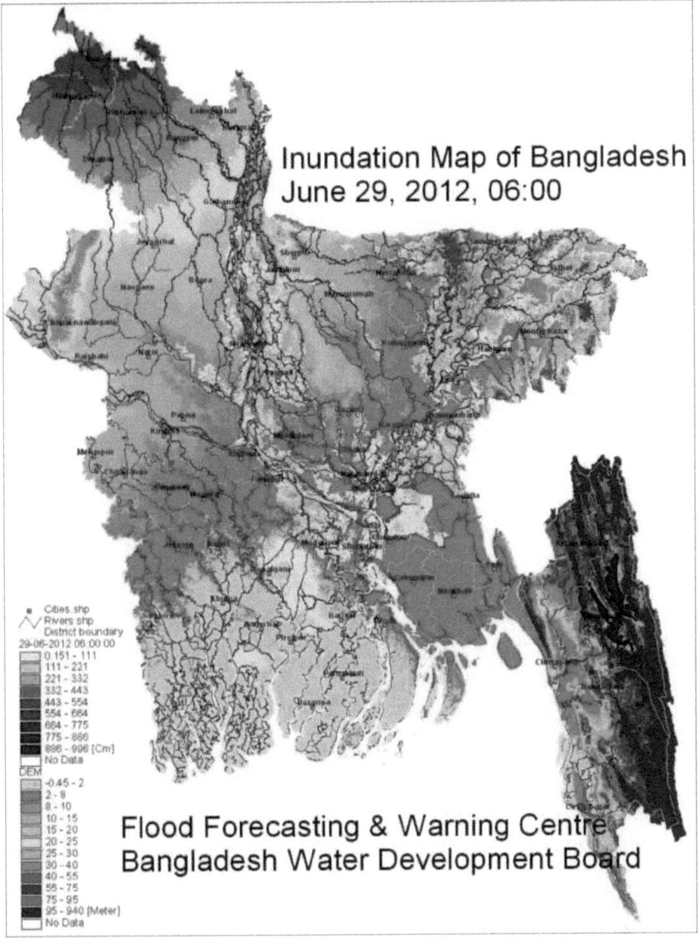


Fonte: FFWC (2012).

# CAPÍTULO 3: QUADRO ANALÍTICO

O objetivo deste capítulo é analisar criticamente os pontos fortes e fracos do modelo alargado Tecnologia-Comunidade-Gestão (TCM), para explicar a gestão de desastres naturais induzidos pelas alterações climáticas no Bangladesh, considerando as questões de investigação. Em primeiro lugar, este capítulo explica o quadro para as iniciativas sem fios que ligam as áreas rurais, que é a raiz do modelo TCM. Em segundo lugar, discute a versão modificada do modelo MTC, proposta em Chib e Zhao (2009) para compreender como melhorou o modelo inicial, para explicar o contexto mais alargado das intervenções TIC4D. Finalmente, analisa criticamente o modelo MTC alargado, a fim de melhorar a sua capacidade de explicar a gestão das catástrofes naturais em países em desenvolvimento como o Bangladesh.

## 3.1 O MODELO TCM ALARGADO

O modelo alargado de MTC tem um processo de desenvolvimento em três fases.

### 3.1.1 Fase 1: O enquadramento das iniciativas sem fios que ligam as zonas rurais

O quadro para iniciativas sem fios que ligam zonas rurais (Figura 11), proposto por Lee e Chib (2008), defende que o funcionamento correto da tecnologia, da comunidade e da gestão é essencial para que as iniciativas TIC4D resultem em desenvolvimento sustentável. Criticou as abordagens de gestão de cima para baixo e a falta de envolvimento adequado da comunidade. Hanna (2011) também apoia este argumento, defendendo que uma visão holística e de longo prazo, uma ampla apropriação, uma parceria entre as partes interessadas e uma maior experimentação, aprendizagem e avaliação são essenciais para o desenvolvimento, juntamente com a integração da tecnologia. O quadro definiu a comunidade em termos de história partilhada, propriedade, governo, religião, raça e identidade, entre outros pontos comuns, reconhecendo as formas mais recentes de criação de redes sociais através da tecnologia, o que também é apoiado por Gerster e Zimmermann (2003).

**FIGURA 11:    UM QUADRO PARA INICIATIVAS SEM FIOS LIGAÇÃO DAS ZONAS RURAIS**

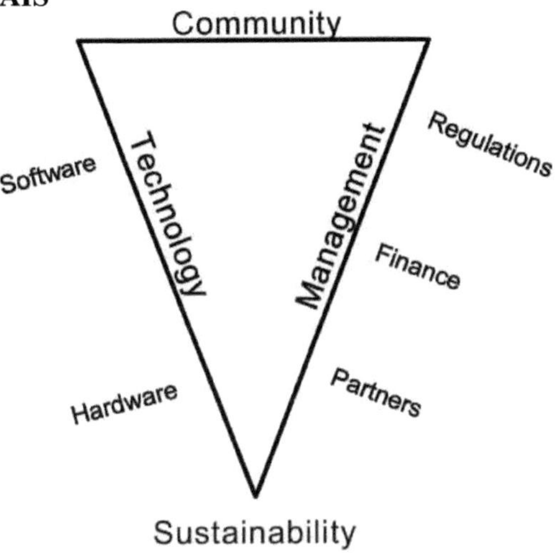


Fonte: Lee e Chib (2008).

O quadro baseia-se em duas caraterísticas inerentes aos projectos TIC4D: o processo de implementação e a respectiva interface com a orientação para a comunidade. Os projectos TIC4D têm duas caraterísticas fundamentais, uma conceção tecnológica e uma perspetiva de gestão, que podem ser categorizadas em cinco dimensões. A conceção tecnológica é composta por duas dimensões - hardware e software. A gestão da iniciativa envolve a gestão financeira, o estabelecimento de parcerias-chave e um ambiente regulamentar de apoio. A tecnologia, tal como as TIC, foi reconhecida como um dos factores catalisadores do desenvolvimento sustentável, tanto do ponto de vista económico como social (Gurstein 2000; Sherif e Khalil 2008). A tecnologia não tem valor isolado, a menos que seja colocada no contexto de fenómenos sociais, ambientais e económicos. Não deve ser definida e avaliada com base no que é, mas sim com base em critérios exteriores a si própria quando os utilizadores reais a utilizam (Geisler 1999; Sherif e Khalil 2008).

A gestão é, portanto, fundamental para controlar o impacto do desenvolvimento, para garantir que os benefícios pretendidos das TIC sejam alcançados através da intervenção e que as comunidades visadas recebam os benefícios da tecnologia ou das TIC. As ligações entre organizações internacionais, nacionais e locais num ambiente político e jurídico favorável, com financiamento e gestão de financiamento adequados, são essenciais para que os resultados esperados das intervenções de desenvolvimento sejam alcançados (McDaniel 2002). Purani e Nair (2006) confirmam que o financiamento, o apoio técnico e o quadro regulamentar adequado para as instituições da administração local são factores essenciais para as iniciativas de desenvolvimento que utilizam o potencial das TIC. Hanna (2011) reconhece a importância de parcerias institucionais fortes e recomenda especial atenção à construção de parcerias estratégicas para projectos TIC4D nos países em desenvolvimento.

A participação da comunidade interage com a conceção e gestão tecnológicas e filtra as tendências tecnológicas através do prisma do contexto, da cultura e da sociedade. Em alguns casos, a comunidade determina a direção e a execução dos projectos de desenvolvimento, em vez de ser simplesmente o beneficiário de um projeto (Paul 1987). A falta de envolvimento das comunidades não permite a construção social da tecnologia, ao passo que o envolvimento e o empenho bem sucedidos da comunidade a nível local têm um impacto significativo na introdução e no funcionamento das tecnologias, como as TIC - um tema amplamente debatido na literatura sobre informática comunitária, por exemplo Gurstein (2000), Erwin e Taylor (2004), Day (2005), Rideout (2005), Bourgeois (2007), Moor (2007) e Gurstein (2008). O envolvimento da comunidade na conceção, implementação e avaliação de um projeto através de uma abordagem participativa foi reconhecido como um fator essencial das intervenções de desenvolvimento (S. Paul 1987; Bourgeois 2007; Mercer et al. 2010; Ale e Chib 2011). É igualmente de salientar que um processo de comunicação impulsionado pela tecnologia também cria novas comunidades, por exemplo, comunidades de redes sociais ou comunidades virtuais do mesmo grupo profissional ou de interesses (Friedland 2001).

A discussão anterior mostra que as componentes do modelo são apoiadas por um conjunto substancial de literatura, o que o torna adequado para analisar a sustentabilidade dos projectos de desenvolvimento nos países em desenvolvimento. No entanto, o modelo também apresenta vários pontos fracos. Os pressupostos do modelo correspondem de perto à teoria da difusão de inovações, que afirma que, para compreender o papel das TIC, é essencial uma compreensão aprofundada da estrutura social do processo de difusão, dos impactos sociais e económicos das inovações das TIC, no entanto, o modelo não reconheceu devidamente estes processos de difusão da tecnologia (Rogers 1995; Tidd 2010). O modelo proposto também não explica a componente comunitária com tanta profundidade como o fez para a tecnologia e a gestão. Não é claro se as subcomponentes, como a regulamentação do financiamento, etc., dizem respeito à regulamentação das TIC ou ao financiamento das TIC ou se são mais gerais. A componente da sustentabilidade é confusa, pois não é claro a que é que o modelo se refere. Trata-se da sustentabilidade do próprio projeto, da intervenção das TIC ou do desenvolvimento sustentável em geral?

**FIGURA 12: O MODELO TCM**

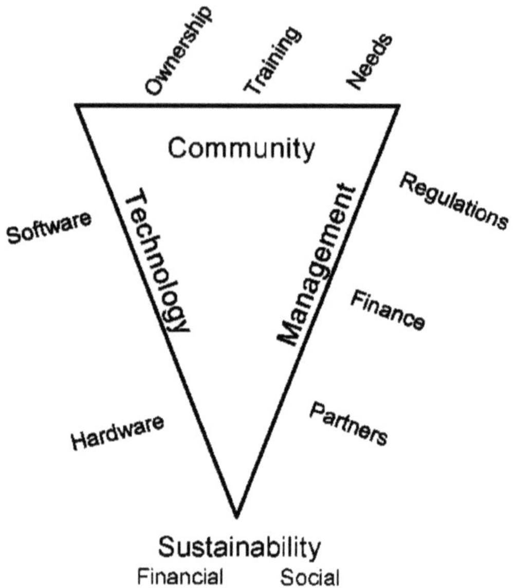


Fonte: Chib e Zhao (2009).

### 3.1.2 Etapa 2: O modelo TCMM

Chib e Zhao (2009) propuseram uma nova modificação do modelo, com base no contexto da China e da Índia (Figura 12), uma vez que se aperceberam de que a componente comunitária do modelo precisava de ser dividida em subcomponentes de necessidades de informação e comunicação, propriedade e necessidades de formação. As necessidades de informação e comunicação e o desenvolvimento de capacidades influenciam a aceitação da tecnologia por uma comunidade. A apropriação individual ou comunitária das intervenções TIC determina o investimento e o padrão de partilha de receitas. A componente da sustentabilidade também precisava de ser dividida em sustentabilidade social e económica, reconhecendo que a sustentabilidade social é essencial e que apenas a sustentabilidade económica não é adequada para explicar as iniciativas de TIC4D. O modelo MTC foi utilizado com sucesso para analisar os factores comunitários na adoção de tecnologias no ensino primário no contexto indiano (Ale e Chib 2011) e para analisar as perspetivas de conceção e avaliação utilizando as TIC para o desenvolvimento dos cuidados de saúde na Índia (Chib

2010).

### 3.1.3 Fase 3: O modelo TCMM alargado

Embora em casos anteriores o modelo TCM tenha sido utilizado para analisar a intervenção das TIC4D no contexto rural, Chib e Komathi (2009) acrescentaram quatro novas subcomponentes de vulnerabilidades, que influenciam a implementação de tecnologias na recuperação de catástrofes rurais, para desenvolver o modelo TCM alargado (Figura 13). Isto ajuda a explicar o papel das TIC na gestão de catástrofes e na redução da vulnerabilidade. Estas incluem vulnerabilidades fisiológicas/psicológicas, económicas, socioculturais e informacionais. O artigo analisou as iniciativas TIC4D na recuperação de comunidades afectadas por catástrofes na Ásia, particularmente no caso das zonas rurais da Índia, Indonésia, China e Sri Lanka. Examina as relações entre tecnologia, comunidade e gestão, com as quatro subcomponentes de vulnerabilidade. As subcomponentes de vulnerabilidade aqui descritas são semelhantes aos conceitos descritos no popular Quadro de Meios de Subsistência, proposto por Chambers e Conway (1992), e amplamente utilizado pelo DFID para conceber intervenções de desenvolvimento internacional (DFID 1999). O Quadro dos Meios de Subsistência propõe que os pobres podem obter melhores resultados em termos de meios de subsistência ou de desenvolvimento sustentável, se puderem minimizar as suas vulnerabilidades utilizando os meios de subsistência de que dispõem num contexto institucional adequado, através de estratégias de subsistência apropriadas. A ideia central do modelo alargado de MTC está próxima do Quadro dos Meios de Subsistência, uma vez que também propõe que os pobres sejam capazes de ultrapassar as vulnerabilidades causadas pelas catástrofes naturais utilizando os recursos disponíveis, os quadros institucionais e legais (as componentes de gestão), usando o poder da tecnologia, com a ajuda de um esforço comunitário.

# FIGURA 13: O MODELO TCM ALARGADO

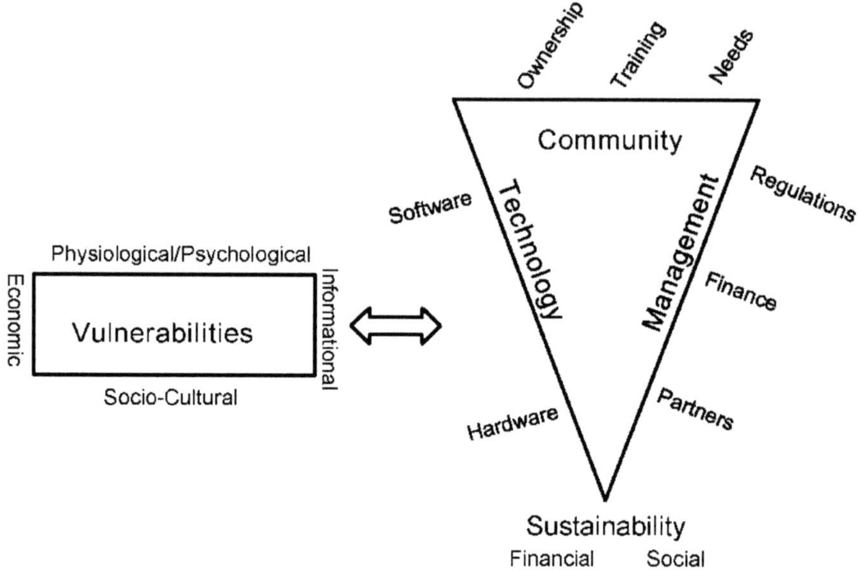


Fonte: Chib e Komathi (2009).

O autor introduziu as subcomponentes da vulnerabilidade em pormenor e explicou que a vulnerabilidade informativa diz respeito ao acesso e à disponibilidade de informação nas comunidades afectadas por uma catástrofe natural. A falta de recursos informativos, tais como documentos pessoais, livros e dados críticos, líderes de opinião e peritos profissionais, afecta as capacidades das pessoas que deles dependem. As vulnerabilidades informacionais podem ainda ser agravadas pela baixa literacia e competências tecnológicas no contexto rural dos países em desenvolvimento (Hanna 2011). A fonte potencial de vulnerabilidades económicas é a perda de meios de subsistência que, de outra forma, poderiam apoiar as famílias a alcançar o crescimento económico. A estrutura e os valores de uma determinada sociedade, que definem as relações humanas nas comunidades, determinam as vulnerabilidades socioculturais. A estrutura do poder social, que corresponde às normas socioculturais de uma sociedade, resulta de diferenças de género, raça, religião, casta, idade e classe, e dita frequentemente o acesso aos recursos, aos bens e ao poder de decisão das pessoas. As catástrofes naturais têm um impacto negativo na saúde física e mental das pessoas afectadas, que é a principal fonte de vulnerabilidades fisiológicas e psicológicas. O receio de voltar a ser afetado pode também levar a vulnerabilidades psicológicas e reduzir o bem-estar das comunidades vulneráveis.

## 3.2 ANÁLISE CRÍTICA DO MODELO TCM ALARGADO

O modelo MTC alargado é capaz de explicar a vulnerabilidade de um desastre considerando os factores tecnológicos, não tecnológicos e humanos, que são por vezes ignorados na avaliação do impacto tecnológico (Vicente 2004). Além disso, o modelo mostrou como o viés tecnológico pode ser minimizado pelas componentes de comunidade e de gestão do modelo, que é reforçado ainda mais com a incorporação da componente de vulnerabilidade. No entanto, o modelo tem várias fraquezas quando utilizado para analisar as questões de investigação e, por isso, será aqui objeto de uma revisão crítica a fim de desenvolver um quadro analítico adequado.

A primeira componente do modelo centra-se nas TIC, mas a terminologia principal é tecnologia. A componente tecnológica tem de ser substituída por TIC, uma vez que o principal objetivo desta investigação é aproveitar os benefícios das TIC e não das outras tecnologias. Embora o modelo divida a componente tecnológica em duas subcomponentes, ignora a forma como a tecnologia pode ser introduzida na comunidade. Não explica claramente como a tecnologia pode ser disseminada, utilizada e acedida. Alam e Collins (2010) afirmam que é essencial compreender os usos locais do ambiente, o conhecimento local e as práticas locais para a gestão de desastres. Mas o modelo alargado de MTC ignora a questão do contexto local e conhecimento no desenvolvimento de tecnologia, uso, disseminação e acesso. Para abordar este modelo proposto precisa de incluir acesso, uso e sub-componentes de conhecimento local.

Embora o modelo identifique a propriedade como uma subcomponente da componente comunitária, alegando que ela determina o modelo de receitas da iniciativa, pode-se argumentar que esta subcomponente está mais relacionada com o financiamento, que é considerado na componente de gestão. A formação é considerada um fator essencial para reforçar a capacidade das comunidades para utilizarem a tecnologia de forma eficaz, no entanto, o modelo ignora o conhecimento local e indígena a nível da comunidade e, portanto, o seu poder de influenciar a vulnerabilidade na gestão de catástrofes. Pesquisas incluindo Purani e Nair (2006), Parvin e Takahashi (2008), Mercer et al. (2010) e S. K. Paul e Routray (2010) discutem por que o aproveitamento do conhecimento local e indígena é essencial. Considerando a afirmação de que este conhecimento local precisa de ser uma nova subcomponente da componente comunitária. A pesquisa também mostra que a liderança desempenha um papel vital na gestão de desastres, que é outro fator em falta na componente comunitária (Kreps 1993; Kelly 2007; Wunnava e Ellis 2008; Roth 2011).

O modelo propõe que a comunidade tecnológica e a gestão, com as subcomponentes propostas, conduziram à sustentabilidade social e económica, que se refere a um processo de desenvolvimento mais amplo, portanto, ambíguo (Klopffer 2003; Mortberg et al. 2010). O modelo proposto considera apenas a sustentabilidade da gestão de desastres em vez de um desenvolvimento sustentável mais amplo, o que é mais realista. A componente de vulnerabilidade é considerada uma adição valiosa deste modelo. Mas tanto a explicação do modelo como o diagrama sugerem que a vulnerabilidade está a ter impacto apenas na componente tecnológica. No entanto, a descrição das vulnerabilidades mostra que estas estão ligadas às outras componentes (comunidade e gestão). O diagrama do modelo precisa de ser reestruturado para tornar isto claro. Considerando a discussão acima, a Figura 14 propõe o modelo MTC alargado adaptado para analisar o modo como as TIC podem beneficiar a gestão de eventos relacionados com as alterações climáticas, como as catástrofes naturais.

**FIGURA 14: QUADRO CONCEPTUAL PROPOSTO PARA A GESTÃO DA ICTS, DAS ALTERAÇÕES CLIMÁTICAS E DAS CATÁSTROFES NATURAIS**

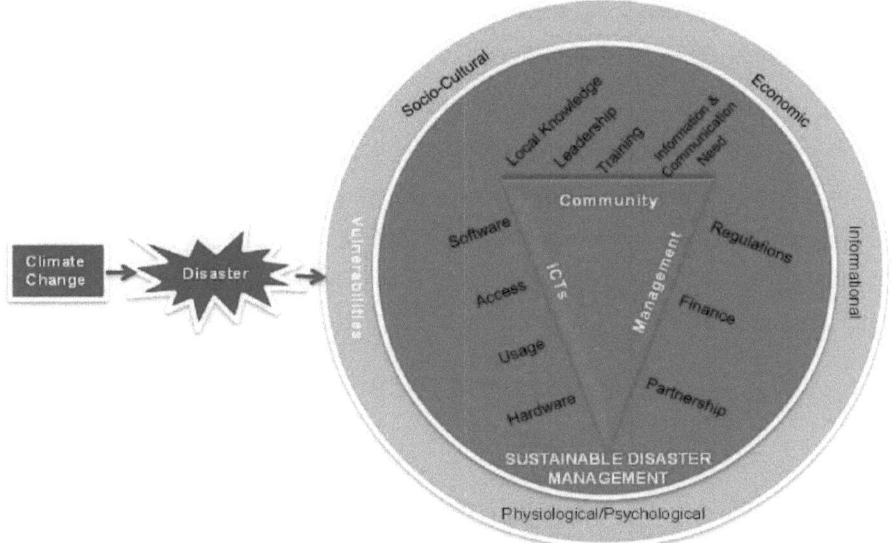



Fonte: Adaptado de Lee e Chib (2008), Chib e Komathi (2009), Chib e Zhao (2009).

## 3.3 O QUADRO CONCEPTUAL PROPOSTO

O quadro concetual proposto é composto por três partes. A primeira parte é constituída por factores sobre os quais temos pouco ou nenhum controlo, como as alterações climáticas e as catástrofes naturais. A segunda parte consiste em vulnerabilidades, que têm uma relação de causa e efeito com a primeira e a terceira partes. A terceira parte é constituída por factores como as TIC, as comunidades e a gestão, que podem assegurar uma gestão sustentável das catástrofes. A primeira parte tem um impacto negativo e aumenta as vulnerabilidades, enquanto a terceira parte reduz a vulnerabilidade através da gestão de catástrofes.

Com base nas evidências da literatura, o quadro concetual proposto argumenta que as alterações climáticas estão a aumentar a frequência e a intensidade de eventos súbitos de alterações climáticas como as catástrofes naturais, que por sua vez estão a causar vulnerabilidades psicológicas/fisiológicas, socioculturais, económicas e informativas. A gestão sustentável das catástrofes é essencial para reduzir as vulnerabilidades e pode ser conseguida através da utilização das TIC, das comunidades e da gestão. O software, o hardware, o acesso e a utilização são subcomponentes das TIC; a liderança, a formação/competências, o contexto local e as necessidades de informação são subcomponentes da comunidade; e o financiamento, a regulamentação e a parceria são subcomponentes da gestão são importantes, considerando o contexto dos países em desenvolvimento para a gestão sustentável de catástrofes.

## 3.3 RESUMO DO CAPÍTULO

Este capítulo propõe o quadro analítico, que é aplicável para explorar as questões de investigação, uma vez que é capaz de analisar a forma como as TIC podem ser utilizadas para reduzir as vulnerabilidades agravadas pelas catástrofes naturais induzidas pelas alterações climáticas no Bangladesh. O capítulo seguinte explica a metodologia de investigação utilizada para a recolha e análise de dados, para aplicar este quadro concetual.

# CAPÍTULO 4: METODOLOGIA

Este capítulo discute a metodologia de investigação adoptada nesta investigação, para responder às questões de investigação descritas no Capítulo 1. Descreve a filosofia que está na base da abordagem adoptada para a investigação de método misto, combinando métodos quantitativos e qualitativos. Os métodos e instrumentos utilizados no processo de investigação, incluindo a pesquisa bibliográfica, a conceção da investigação, os instrumentos de recolha de dados, os métodos de amostragem, etc., são explicados com justificação. Explica ainda como vai ser utilizado o quadro analítico proposto no Capítulo 3 e mostra como a análise dos dados conduz à resposta às questões de investigação. Este capítulo menciona igualmente as considerações éticas relativas a esta investigação.

## 4.1 FILOSOFIA DE INVESTIGAÇÃO

A consideração dos diferentes paradigmas de investigação e dos seus pressupostos ontológicos e epistemológicos é essencial, uma vez que descrevem as percepções, crenças, pressupostos e a natureza da realidade e da verdade em que a investigação se baseia (Holden e Lynch 2004; Babbie 2007; Gray 2012; Peterson 2012). Influenciam a forma como a investigação é realizada, desde a conceção até às conclusões, o que torna importante compreender e discutir estes aspectos, para que sejam adoptadas abordagens congruentes com a natureza e os objectivos do inquérito específico e para garantir que os preconceitos do investigador são compreendidos, expostos e minimizados (Porta e Keating 2008; Blaikie 2009). Uma filosofia de investigação é uma crença sobre a forma como os dados sobre um fenómeno devem ser recolhidos, analisados e utilizados (Levín 1988).

A ontologia é o ponto de partida de toda a investigação social, a que se seguem a posição epistemológica e a escolha metodológica (Grix 2002; Porta e Keating 2008). Grix (2002) e Hay (2002) simplificaram os elementos constitutivos da investigação, de modo a permitir uma compreensão clara dos níveis e das ligações entre eles (Figura 15). Explicam que a ontologia lida com a natureza da realidade; a epistemologia lida com a natureza da relação entre o conhecedor (o investigador) e o conhecido (ou investigado); a metodologia descreve as abordagens para adquirir conhecimentos sobre o mundo percepcionado; os métodos são os procedimentos utilizados para adquirir conhecimentos e as fontes são os dados que os investigadores podem recolher e analisar para responder às questões de investigação (Guba 1990; Hay 2002).

**FIGURA 15: A INTER-RELAÇÃO ENTRE OS ELEMENTOS CONSTITUTIVOS DA INVESTIGAÇÃO**

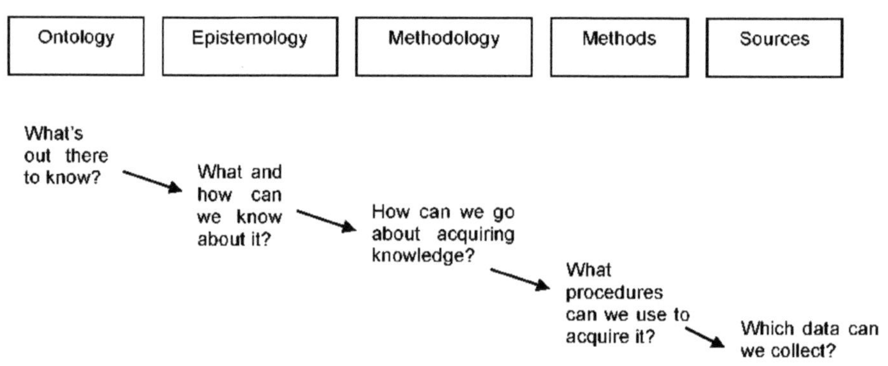


Fonte: Adaptado de Hay (2002).

Blaikie, 2009, propôs um quadro para as estratégias e paradigmas de investigação, que envolve o desenvolvimento de uma estratégia de investigação que revê os pressupostos ontológicos e epistemológicos e decide o paradigma de investigação para encontrar a resposta às questões de investigação. Tendo em conta as caraterísticas das diferentes estratégias de investigação, foi considerada uma estratégia de investigação retroactiva para responder à principal questão de investigação, uma vez que permite descobrir os mecanismos subjacentes para explicar as regularidades observadas num determinado contexto. Permite testar o modelo hipotético com provas reais e questionar o modelo em uso se este não conseguir explicar a realidade *(ibid)*. Para aplicar a estratégia retroactiva nesta investigação, foi seguida uma abordagem ontológica e epistemológica realista crítica. A abordagem ontológica realista crítica parte do princípio de que a realidade social é regida por leis imutáveis, que não podemos compreender simplesmente através da observação direta, apenas podemos inferir a sua existência através da observação dos seus efeitos e das nossas interpretações dos mesmos (Jagun e Morgan 2011). A abordagem epistemológica realista crítica pressupõe que o conhecimento se baseia na interpretação da auto-compreensão dos participantes na investigação e na análise crítica da mesma através de um quadro teórico específico *(ibid.)*. Esta investigação adopta estas abordagens, uma vez que vai observar o papel da gestão das TIC nas catástrofes naturais induzidas pelas alterações climáticas no contexto do Bangladesh, através do seu efeito nas comunidades afectadas, e interpretar as observações utilizando um quadro analítico proposto no Capítulo 3.

## 4.2 CONCEPÇÃO DA INVESTIGAÇÃO

As questões de investigação foram desenvolvidas para analisar criticamente o possível papel das TIC na minimização das vulnerabilidades às catástrofes naturais, cuja frequência e intensidade estão a ser afectadas pelas alterações climáticas no Bangladesh. Uma revisão exaustiva da literatura (Capítulo 2) revelou a pretensão e identificou os conhecimentos teóricos, empíricos e aplicados disponíveis para a analisar. Identificou também a necessidade de um quadro analítico para explicar o contexto do Bangladesh, que não está disponível neste momento. Considerando os quadros teóricos conexos disponíveis, a literatura académica disponível e as experiências empíricas dos investigadores neste domínio, esta investigação propõe um quadro teórico no Capítulo 3. Esta investigação segue o processo descrito abaixo para a recolha de dados, a fim de analisar o quadro e responder à pergunta de investigação.

### 4.2.1 Pesquisa bibliográfica

Considerando a afirmação de que uma revisão sistemática da literatura, passo a passo, pode resultar numa compreensão completa do conhecimento existente, esta investigação seguiu um processo de revisão sistemática da literatura (O'Hara et al. 2011; Fisher et al. 2010; Murray e Beglar 2009). Para encontrar as palavras-chave para a pesquisa bibliográfica, seguiu-se uma avaliação crítica das questões e objectivos da investigação (Lyons e Doueck 2010). Esta investigação utilizou principalmente a pesquisa bibliográfica baseada em computador e na Internet em bibliotecas electrónicas, como a biblioteca em linha Wiley, MetaPress, Springerlink, Sciencedirect, Jstor e a biblioteca digital Acm e sítios Web de organizações-chave, com um mínimo de pesquisa manual em bibliotecas (Berrg 2001). As palavras-chave utilizadas para a pesquisa bibliográfica foram "alterações climáticas", "gestão de catástrofes no domínio das alterações climáticas", "gestão de catástrofes no domínio das alterações climáticas com recurso às TIC", "alterações climáticas no Bangladesh", "gestão de catástrofes no Bangladesh", "alterações climáticas com recurso às TIC no Bangladesh", "gestão de catástrofes com recurso às TIC no Bangladesh", etc.

### 4.2.2 Métodos de investigação

Para beneficiar dos pontos fortes dos métodos de investigação quantitativos e qualitativos e evitar o clássico debate quantitativo versus qualitativo, foi escolhido um método misto para esta investigação, tendo em conta as questões de investigação 'o quê' e 'como' e mantendo em mente os pressupostos ontológicos e epistemológicos selecionados (Sale et al. 2002; Johnson e Onwuegbuzie 2004; Onwuegbuzie e Leech 2006; Johnson et al. 2007; Hesse-Biber 2010). A ponte entre a abordagem de investigação quantitativa e qualitativa está a tornar-se popular entre os investigadores, o que dá confiança suficiente para selecionar esta abordagem

(Onwuegbuzie e Leech 2006). Dado o tempo limitado disponível, esta investigação utilizou, como ferramenta de investigação quantitativa, um inquérito em pequena escala aos profissionais envolvidos nos sectores das alterações climáticas, da gestão de catástrofes e das TIC em organizações académicas, governamentais, não governamentais e internacionais no Bangladesh. Foram realizadas cinco entrevistas com os principais actores do mesmo grupo de pessoas, para explorar a sua compreensão. Foram analisados estudos de caso secundários e vídeos disponíveis em linha nos domínios relacionados para recolher mais provas. Os múltiplos métodos e fontes são úteis para cruzar e validar as conclusões.

### 4.2.3 *Instrumentos de investigação e recolha de dados*

Esta investigação utilizou quatro métodos: inquérito, entrevista, análise de vídeo e análise de estudo de caso para recolher os dados necessários para a análise do quadro analítico. Os instrumentos para estes quatro métodos são descritos de seguida.

**Inquérito:** Um inquérito é um método popular, que os investigadores quantitativos utilizam frequentemente para a recolha de dados, uma vez que permite medir os indicadores utilizando métodos matemáticos ou estatísticos (Marczyk et al. 2005; Babbie 2007). Walliman (2006) sugere que um mínimo de 30 amostras é essencial para qualquer análise, embora um número mais elevado de amostras dê resultados melhores e mais significativos do ponto de vista estatístico. Um método de amostragem intencional é adequado para este estudo, uma vez que os inquiridos precisam de ter uma compreensão clara dos sectores e da forma como interagem (Berrg 2001; Walliman 2006). Uma amostra aplicando uma técnica de amostragem intencional com trinta inquiridos dos profissionais que estão a trabalhar com as mudanças climáticas e gestão de desastres representando organizações académicas, governamentais, não-governamentais e internacionais foram tomadas para esta pesquisa. O Anexo 1 apresenta o questionário desenvolvido, tendo em conta as questões de investigação e as estratégias de investigação em mente, que foi utilizado para o inquérito. Mann e Stewart (2000) descrevem como os investigadores podem utilizar a comunicação mediada por computador ou a Internet para realizar inquéritos e entrevistas para investigação, quando o investigador não pode deslocar-se fisicamente para a recolha de dados. Uma vez que a investigação tem de ser realizada no campus do Reino Unido e a área de estudo se situa no Bangladesh, foi utilizada a comunicação por correio eletrónico, *Skype,* redes sociais, grupos e fóruns em linha para convidar as pessoas a responder ao questionário do inquérito em linha. *O LimeSurvey,* uma aplicação de inquérito em linha, foi instalado no <u>http: //masumbillah. net/survey/</u> para fornecer uma solução inteligente de inquérito em linha, capaz de codificar e conceber automaticamente o questionário em linha e produzir scripts para a criação automática de ficheiros de dados SPSS para análise estatística (Schmitz 2012).

**Entrevista:** Um inquérito estruturado baseado num questionário nem sempre é adequado para a recolha de dados de pessoas-chave de alto nível, como o diretor de uma organização, uma vez que a entrevista individual e a sondagem podem por vezes ajudar a recolher dados adicionais importantes (Berrg 2001; Walliman 2006; Wildemuth 2009). Foram entrevistadas cinco pessoas-chave da ActionAid Bangladesh, do CDMP, da Islamic Relief Worldwide (IRW), da Unnayan Onneshan e da Shushilan, que representam o governo, as organizações não governamentais e as organizações internacionais que trabalham no domínio em questão. A entrevista foi realizada através do *Skype* ou por telefone, tendo em conta a flexibilidade dos inquiridos, seguindo o processo proposto por Mann e Stewart (2000). O Apêndice 2 apresenta as perguntas utilizadas para as entrevistas.

**Análise secundária de vídeo:** A utilização de vídeo está a tornar-se popular tanto na investigação qualitativa como na quantitativa, uma vez que permite aos investigadores codificar o vídeo para gerar dados quantitativos e analisar o vídeo de forma crítica para obter dados qualitativos (McKee e Pardun 1999; Shrum et al. 2005; Derry et al. 2010; Kim et al. 2010; Shah 2010). Após a sua criação em 2005, o

YouTube.com tornou-se um fórum de topo para o alojamento de vídeos, o que pode ser uma boa fonte de dados para esta investigação (Kim et al. 2010; Shah 2010). Esta investigação analisou trinta vídeos secundários, para dados qualitativos e quantitativos, selecionados com base na pesquisa de palavras-chave. *O ContextMiner,* uma ferramenta útil para recolher e analisar informações contextuais de diferentes fontes em linha, como o *YouTube,* foi utilizado para efetuar consultas utilizando "climate change disaster management Bangladesh", "ICTs climate change disaster management Bangladesh" e "Information technology climate change disaster management Bangladesh" para recolher vídeos *do YouTube.* A Figura 16 apresenta a interface de utilizador *do ContextMiner* (Shah 2009; Shah 2012).

## FIGURA 16: INTERFACE DO UTILIZADOR DO CONTEXTMINER

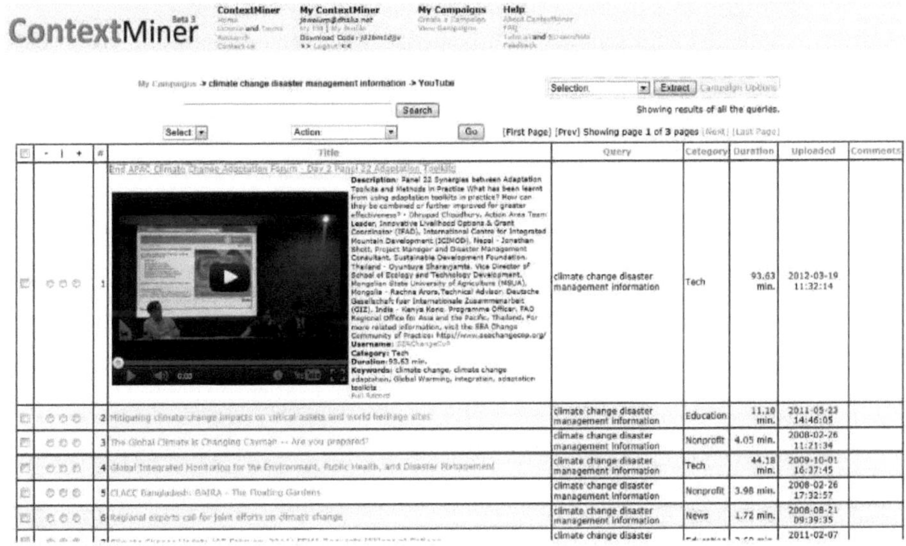

Fonte: Shah (2012).

**Estudo de caso secundário:** Os estudos de caso são uma ferramenta de investigação qualitativa essencial, uma vez que são utilizados para responder a questões como e porquê (Marczyk et al. 2005; Porta e Keating 2008; Wildemuth 2009; Woodside 2010). Esta investigação selecionou estudos de caso de fontes secundárias para recolher dados para uma análise aprofundada das questões de investigação. A pesquisa bibliográfica encontrou vários estudos de caso, que se centraram nas alterações climáticas e gestão de desastres no Bangladesh, por exemplo, Neto (2001); Mallick et al. 2005; Brouwer et al. 2007; APCICT 2010; Halder e Ahmed (2010). Destes, apenas Halder e Ahmed (2010) consideraram o papel das TIC que corresponde à questão de investigação e, portanto, o estudo de caso intitulado 'O Programa de Gestão de Catástrofes Abrangente do Bangladesh e as TIC' publicado pelo Centro de Formação da Ásia e do Pacífico para as Tecnologias de Informação e Comunicação para o Desenvolvimento (APCICT) e a Comissão Económica e Social para a Ásia e o Pacífico foi selecionado.

## 4.4 ANÁLISE DE DADOS

Os dados recolhidos aplicando os quatro métodos diferentes foram utilizados para encontrar uma resposta à questão de investigação e analisar o quadro analítico no contexto do Bangladesh. Os dados do inquérito estavam disponíveis como um ficheiro de dados SPSS. Para as perguntas abertas, as respostas foram categorizadas e codificadas para as preparar para a análise quantitativa, e as variáveis fechadas foram já codificadas pelo sistema LimeSurvey. Foram declarados conjuntos de respostas múltiplas para gerir as perguntas de tipo resposta múltipla. Para a análise quantitativa, as estatísticas descritivas, incluindo a frequência e a percentagem de todas as variáveis, foram calculadas utilizando o SPSS e apresentadas em tabelas e gráficos. A frequência e a percentagem das variáveis geradas a partir de palavras-chave também foram calculadas utilizando o SPSS. Foi desenvolvido um esquema de codificação (Anexo 3), tendo em conta as questões de investigação, para gerar dados quantitativos a partir dos vídeos (Kim et al. 2010). Para isso, foi realizada a totalização dos códigos (padrão) através da observação dos vídeos, seguindo o método descrito em Saldana (2009). Foi também desenvolvida uma síntese de cada vídeo para captar informação qualitativa considerando expressões emocionais relacionadas com a questão de investigação. A análise do estudo de caso selecionado centra-se na forma como as TIC estão a ser utilizadas para a gestão de catástrofes no

Bangladesh, que outros componentes são considerados essenciais, seguindo uma lógica de correspondência de padrões para explicar o quadro analítico selecionado (Saunders et al. 1997). As respostas da entrevista foram usadas para apoiar ou argumentar os resultados de outros métodos. Com base nas conclusões, o quadro analítico foi objeto de uma análise crítica para explicar o contexto do Bangladesh. O modelo analítico foi atualizado com as afirmações, se a proposta for apoiada por mais de um método.

## 4.5 VALIDAÇÃO E FIABILIDADE DOS DADOS

Os dados do inquérito foram recolhidos utilizando um sistema em linha, que registou diretamente as respostas dos inquiridos sem o envolvimento de enumeradores. Esta abordagem elimina os erros relacionados com a introdução de dados. Somente as respostas dos profissionais que trabalham nas TICs, mudança climática, gestão de desastres e campos relacionados foram considerados para esta pesquisa. Um entrevistador profissional que tem cerca de 4 anos de experiência no sector de gestão de desastres conduziu as entrevistas e enviou as respostas assegurando que elas eram imparciais e fiáveis. A informação apresentada no estudo de caso selecionado e vídeos pode ser verificada com a informação disponível através do inquérito e entrevistas. As múltiplas ferramentas e métodos usados para esta pesquisa ajudam a validação cruzada dos resultados (Johnson et al. 2007).

## 4.6 ÉTICA NA INVESTIGAÇÃO

O princípio básico da ética na investigação é garantir que os participantes envolvidos na investigação não sejam afectados negativamente pela sua participação na investigação (Marvasti 2004). A investigação não incluiu quaisquer grupos vulneráveis. Os direitos e a salvaguarda do bem-estar dos sujeitos de investigação são uma consideração importante quando se trata de objectos de investigação humana (Lyons e Doueck 2010). Os inquiridos não foram afectados pela sua opinião, uma vez que foi utilizado um protocolo de segurança de dados de alto nível para esta investigação. A novidade da descoberta está relacionada com a honestidade dos investigadores, uma vez que os leitores não acreditam no resultado da investigação se houver alguma evidência de manipulação no processo de investigação (Walliman 2006). A autorização e a permissão adequadas dos inquiridos são essenciais para publicar ou divulgar qualquer informação privada. A privacidade e a confidencialidade dos dados do inquirido é outra dimensão da questão ética (Berrg 2001). Ao contrário de um inquérito tradicional, esta investigação recolheu dados diretamente dos inquiridos sem envolver enumeradores intermediários. A solução de inquérito em linha recolheu os dados num sistema seguro, alojado apenas para esta investigação, onde nenhuma organização terceira teve acesso aos dados recolhidos em qualquer momento. No caso das entrevistas, o nome e outros dados pessoais dos inquiridos não serão divulgados, uma vez que não são essenciais para esta investigação. Após a apresentação da investigação, todos os dados em bruto serão destruídos para garantir a privacidade (Marvasti 2004; Marczyk et al. 2005; O'Hara et al. 2011).

## 4.7 RESUMO DO CAPÍTULO

A metodologia proposta neste capítulo visa assegurar a recolha sistemática de dados e a análise desta investigação, o que mantém a investigação no bom caminho e centrada nos seus objectivos. O capítulo seguinte apresenta os resultados do inquérito, das entrevistas, da análise de casos secundários e da análise de vídeos.

# CAPÍTULO 5: CONCLUSÕES

O presente capítulo, seguindo a metodologia descrita no capítulo 4 para analisar as questões de investigação, apresenta as conclusões com base nos dados recolhidos do inquérito:

- trinta inquiridos de vinte organizações,
- cinco entrevistas a representantes de cinco organizações,
- trinta vídeos *do YouTube* desenvolvidos por vinte organizações,
- uma análise de estudo de caso intitulada 'The Bangladesh Comprehensive Disaster Management Programme and ICTs' (Halder e Ahmed 2010).

O Apêndice 4 apresenta a lista de organizações de onde os participantes foram recrutados para o inquérito e a lista de organizações que produziram os vídeos analisados. A lista mostra que esta investigação teve em conta opiniões de académicos, organizações governamentais, não governamentais e internacionais. No caso do inquérito e das entrevistas, os participantes estavam todos a trabalhar nas alterações climáticas e na gestão de catástrofes naturais nessas organizações. O estudo de caso secundário selecionado apresentou o uso das TICs para a gestão de desastres no CDMP. A secção 2.3 descreveu isto.

## 5.1 CATÁSTROFES NATURAIS INDUZIDAS PELAS ALTERAÇÕES CLIMÁTICAS E VULNERABILIDADES NO BANGLADESH

Os resultados do inquérito, a análise do estudo de caso, as entrevistas e a análise do vídeo confirmam o argumento encontrado na literatura de que as alterações climáticas estão a ter impacto no Bangladesh. No entanto, entre os trinta indivíduos que participaram no inquérito, vinte e oito pensam que o impacto é negativo e apenas dois mencionaram impactos negativos e positivos. A análise do vídeo encontrou apenas impactos negativos, mencionados 65 vezes nos trinta vídeos. A análise do estudo de caso apoia as conclusões das entrevistas e da análise do vídeo. Para descrever os impactos negativos das alterações climáticas, os inquiridos referiram o aumento das catástrofes naturais, os impactos negativos nos meios de subsistência, a perda de vidas e bens, as alterações sazonais e a subida do nível do mar (Quadro 3). Os impactos positivos, referidos por apenas duas pessoas no inquérito, mencionaram que as catástrofes naturais ajudam a atrair financiamento, o que pode contribuir para um desenvolvimento mais rápido. Os resultados do Quadro 3 ajudam a explicar a questão de sub-investigação um (Secção 1.4). O maior número de observações, 86,7% do inquérito e 80% na análise de vídeo, menciona o aumento da frequência e intensidade das catástrofes naturais como o principal impacto negativo das alterações climáticas. Todos os participantes no inquérito responderam positivamente à pergunta direta "Acha que as catástrofes naturais são um resultado das alterações climáticas? A mesma evidência foi encontrada na análise do estudo de caso e nas entrevistas, que mostram que as alterações climáticas têm impactos negativos no Bangladesh, onde o aumento da frequência e intensidade das catástrofes naturais é um dos principais resultados, justificando a base desta investigação: As alterações climáticas estão a agravar as catástrofes naturais. As catástrofes naturais são um dos principais impactos negativos das alterações climáticas".

## QUADRO 3: IMPACTOS NEGATIVOS DAS ALTERAÇÕES CLIMÁTICAS

| Negative impacts | Survey | | Video analysis | |
|---|---|---|---|---|
| | Frequency | Percent | Frequency | Percent |
| Increased frequency and intensity of natural disasters | 26 | 86.7% | 24 | 80.0% |
| Impact on livelihood | 18 | 60.0% | 22 | 73.3% |
| Loss of life and property | 16 | 53.3% | 19 | 63.3% |
| Seasonal change | 10 | 33.3% | 4 | 13.3% |
| Sea level rise | 8 | 26.7% | 8 | 26.7% |
| Increased vulnerability | 7 | 23.3% | 12 | 40.0% |
| Health hazard | 6 | 20.0% | 5 | 16.7% |
| Migration | 4 | 13.3% | 9 | 30.0% |
| Shortage of water | 3 | 10.0% | 2 | 6.7% |
| Psychological damage | 3 | 10.0% | 5 | 16.7% |
| Increased poverty rate | 2 | 6.7% | 13 | 43.3% |
| Threat on biodiversity | 2 | 6.7% | 3 | 10.0% |

Fonte: Inquérito e análise de vídeo.

### 5.1.1 Tipo de catástrofes agravadas pelas alterações climáticas

O inquérito e a análise de vídeo revelaram que as inundações, os ciclones e a intrusão de salinidade são as três principais catástrofes naturais induzidas pelas alterações climáticas no Bangladesh (Quadro 4), o que corrobora as afirmações da UNFCCC (2007). A frequência encontrada no inquérito e na análise de vídeo mostra o mesmo padrão, que é apoiado pelos resultados da entrevista, embora o estudo de caso não tenha fornecido diretamente provas para determinar os tipos de catástrofes causadas pelas alterações climáticas.

## QUADRO 4: CATÁSTROFES INDUZIDAS PELAS ALTERAÇÕES CLIMÁTICAS NO BANGLADESH

| Type of Disaster | Survey | | Video analysis | |
|---|---|---|---|---|
| | Frequency | Percent | Frequency | Percent |
| Floods | 30 | 100.0% | 26 | 89.7% |
| Cyclones | 29 | 96.7% | 18 | 62.1% |
| Salinity intrusion | 13 | 43.3% | 7 | 24.1% |
| Droughts | 10 | 33.3% | 2 | 6.7% |
| River erosion | 8 | 26.7% | 1 | 3.3% |

Fonte: Inquérito e análise de vídeo.

### 5.1.2 Vulnerabilidades causadas por essas catástrofes naturais

O Quadro 5 apresenta as conclusões relativas às vulnerabilidades causadas por catástrofes naturais. A maioria, 93,3% dos inquiridos e 96,7% dos vídeos, refere que as catástrofes naturais induzidas pelas alterações climáticas estão a causar vulnerabilidades económicas. Em particular, os participantes mencionam que essas catástrofes estão a causar a perda de bens, danos em estruturas físicas, perda de colheitas, perda de gado e perda de vidas humanas. 60% dos inquiridos e 53,3% dos vídeos também referem vulnerabilidades socioculturais, que resultam do aumento do risco comunitário, da deslocação, da falta de alojamento, da falta de terra e da pobreza. 46,7% dos inquiridos e 26,7% dos vídeos referem vulnerabilidades psicológicas resultantes de insegurança, morte do familiar mais próximo, medo de catástrofes, problemas de saúde mental e mudança de profissão. Apenas 26,7% dos participantes no inquérito e 23,3% nos vídeos referiram vulnerabilidades fisiológicas causadas pelo aumento de doenças, riscos para a saúde e condições de água e saneamento precárias. A informação recolhida através de entrevistas corrobora os números acima referidos. Nenhum dos inquiridos e dos vídeos se queixou de vulnerabilidades informativas, mas os entrevistados consideram que se trata de uma das vulnerabilidades sentidas pelas pessoas no Bangladesh, sobretudo nas zonas rurais. Além disso, ao proporem o modelo alargado de MTC, Chib e Komathi (2009) sublinharam este facto e afirmaram que está associado a outras vulnerabilidades. A discussão anterior também dá resposta à primeira questão de investigação e ajuda a determinar as ferramentas TIC necessárias para reduzir essas vulnerabilidades.

# QUADRO 5: TIPO DE VULNERABILIDADES CAUSADAS POR CATÁSTROFES NATURAIS

| Vulnerabilities | Survey | | Video analysis | |
|---|---|---|---|---|
| | Frequency | Percent | Frequency | Percent |
| Economic | 28 | 93.3% | 25 | 96.7% |
| Socio-Cultural | 18 | 60.0% | 16 | 53.3% |
| Psychological | 14 | 46.7% | 8 | 26.7% |
| Physiological | 8 | 26.7% | 7 | 23.3% |

Fonte: Inquérito e análise de vídeo.

*5.1.3 Vulnerabilidades nas zonas rurais* 77% dos inquiridos pensam que as vulnerabilidades não são as mesmas nas zonas urbanas e rurais; entre estes, 83% pensam que as zonas rurais são mais vulneráveis. Dos trinta inquiridos, 64% acreditam que as zonas rurais são mais vulneráveis, 23% acreditam que as vulnerabilidades são iguais em ambas as zonas e 13% acreditam que são mais nas zonas urbanas do Bangladesh (Figura 17). 85% dos vídeos abordaram as vulnerabilidades rurais, enquanto apenas 15% se centraram nas vulnerabilidades urbanas. Os inquiridos afirmaram que as zonas rurais são mais vulneráveis, porque

- mais pessoas vivem em zonas rurais,
- as zonas rurais são mais afectadas por catástrofes do que as zonas urbanas,
- as zonas rurais dispõem de infra-estruturas deficientes que dificultam a evacuação,
- as populações rurais são mais pobres do que as urbanas,
- os aterros costeiros são frágeis e inadequados contra as inundações,
- o impacto negativo na agricultura afecta mais as populações rurais
- e porque os meios de subsistência rurais são mais dependentes da natureza.

No entanto, aqueles que acreditam que as zonas urbanas são mais vulneráveis referiram que tal se deve ao aumento da migração de pessoas das zonas rurais, o que causa problemas, tais como problemas de drenagem e falta de água potável. Esta discussão justifica o facto de esta investigação se ter centrado nas zonas rurais.

**FIGURA 17: COMPARAÇÃO DAS VULNERABILIDADES RURAIS E URBANAS CAUSADAS POR CATÁSTROFES NATURAIS**

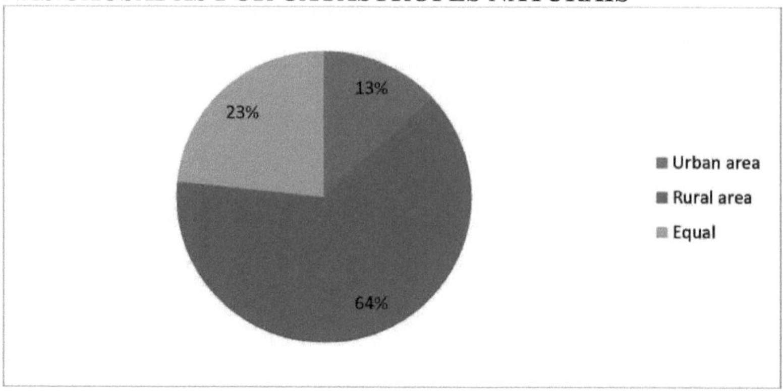


Fonte: Inquérito

## 5.2 OS ICTS E A GESTÃO DE CATÁSTROFES NO BANGLADESH

A discussão nesta secção ajuda a responder à questão de sub-investigação dois, focando quais as TIC que podem ser utilizadas para a gestão de desastres e como podem reduzir as vulnerabilidades da população afetada. Todos os inquiridos pensam que as TIC têm um papel a desempenhar, entre os quais 96% pensam que é um papel positivo e apenas 4% pensam que o papel das TIC é negativo. 66,7% dos vídeos mencionam a utilização das TIC na gestão de catástrofes, o que corresponde a 35 vezes no total. O papel positivo das TIC é relatado na Tabela 6, que mostra que 83% dos inquiridos relataram a utilização das TIC para a preparação, 66% para o alerta precoce, 21% para a mitigação, 21% para a resposta e 14% para a recuperação. 50% dos vídeos mencionaram a utilização das TIC para a preparação, 36,7% para o alerta precoce, 26,7% para a recuperação, 10% para a resposta e 6,7% para a atenuação. No entanto, os entrevistados centraram-se principalmente no papel das TIC para a preparação, mencionando a sua utilização para o alerta precoce e a sensibilização através da utilização de telemóveis, enquanto o estudo de caso se centrou principalmente nas funções das TIC para fins de atenuação, resposta e reabilitação (Quadro 7), particularmente no contexto do Bangladesh.

**QUADRO 6: PAPEL DA ICTS NA GESTÃO DE CATÁSTROFES**

| Role of ICTs | Survey | | Video analysis | |
|---|---|---|---|---|
| | Frequency | Percent | Frequency | Percent |
| Preparedness | 24 | 82.8% | 15 | 50% |
| Early warning | 19 | 65.5% | 11 | 36.7% |
| Mitigation | 6 | 20.7% | 2 | 6.7% |
| Response | 6 | 20.7% | 3 | 10.0% |
| Recovery | 4 | 13.8% | 8 | 26.7% |

Fonte: Inquérito e análise de vídeo

Os inquiridos da pesquisa e os vídeos mencionaram os usos das TICs, tais como telemóveis, rádio, sistemas em centros de informação de desastres, televisão, sensoriamento remoto, GIS, rádio comunitária, SMS e transmissão celular, para manter bases de dados de recursos, construção de consciência, geração de aviso prévio e disseminação, para gerir direitos e informação de direito, gerir a distribuição de alívio, pesquisa e disseminação de conhecimento, comunicação para procurar ajuda, modelagem de possíveis impactos, formação e capacitação. Os resultados justificam o possível uso alegado na secção 2.4 da revisão da literatura.

**QUADRO 7: FUNÇÕES DO CENTRO DE GESTÃO DE CATÁSTROFES QUE UTILIZA OS ICTS NO BANGLADESH**

| Phase | Functions |
|---|---|
| Preparedness | Risk assessment tools and status<br>Emergency response readiness plans and status<br>Rescue equipment inventory<br>Relief resources availability<br>Database of institutional capacity status<br>Repository of disaster management literature<br>Historical hazard/disaster incidence and impacts database<br>Knowledge base of best practices for disaster management<br>Training resources: materials, lesson plans, computer based training modules<br>Maintenance of information sharing |
| Response | Hazard warning analysis and dissemination<br>Loss (deaths, damage, etc.) reporting and analysis<br>Relief needs (water, food, shelter, medical), availability and accounting<br>Emergency response coordination<br>- Internal disaster management operations<br>- Multiple GOB agencies and NGOs<br>- International response: Global disaster alert coordination system |
| Recovery | Database of resource requirements, availability and accounting<br>Database of agricultural inputs, credit, infrastructure, health, reconstruction materials<br>Central relief management information system<br>Database of other agencies' recovery programmes status |

Fonte: Adaptado de Halder e Ahmed (2010).

## 5.2.1 Utilização das TIC na gestão de catástrofes

A Tabela 8 apresenta a proposta de utilização das TIC, mencionada no estudo de caso para a gestão de catástrofes no Bangladesh e lista os objectivos e as TIC propostas (Halder e Ahmed 2010). A partir da tabela, é claro que o estudo de caso está a propor a utilização da Internet para a maioria dos casos, exceto para o alerta precoce. O inquérito também apresenta conclusões semelhantes, mas os inquiridos propuseram mais algumas utilizações das TIC, como a formação e o reforço das capacidades, a sensibilização, a gestão dos direitos e prerrogativas das pessoas afectadas, a gestão da distribuição de ajuda, a promoção da preparação e o cálculo do possível impacto. As entrevistas destacaram a utilização do telemóvel, pois é o único dispositivo amplamente disponível nas zonas rurais do Bangladesh.

**QUADRO 8: UTILIZAÇÕES PROPOSTAS DE ICTS PARA A GESTÃO DE INUNDAÇÕES E CICLONES NO BANGLADESH**

| Natural Disasters | Purposes | ICTs |
|---|---|---|
| Flood | Disaster management knowledge base | Internet |
| | Flood shelter locations and capacities | Internet |
| | Relief material inventories | Internet |
| | Early warning, water level predictions | Internet, email, Fax, Television |
| | Damage reports | Email, Fax |
| | Rehabilitation resource inventory | Internet |
| Cyclone | Disaster management knowledge base | Internet |
| | Cyclone shelter locations and capacities | Internet |
| | Relief material inventory | Internet |
| | Early warning map with probable storm path and vulnerable *upazilas* | Internet, email, Fax, Television, cell broadcasting |
| | Damage reports | Email, Fax |
| | Rehabilitation resource inventory | Internet |

Fonte: Adaptado de Halder e Ahmed (2010).

## 5.3 COMPONENTES ESSENCIAIS PARA A UTILIZAÇÃO DA ICTS EM CASO DE CATÁSTROFE

**GESTÃO E REDUÇÃO DA VULNERABILIDADE NO BANGLADESH**

Os resultados desta secção têm como objetivo responder à questão de sub-investigação quatro (Secção 1.4) e fornecer provas para apoiar a questão de sub-investigação três (Secção 1.4). 70% dos inquiridos pensam que as TICs por si só não são suficientes para a gestão de desastres. Componentes como a comunidade e a gestão também são consideradas essenciais, particularmente no contexto rural, o que apoia os principais componentes do quadro analítico. No entanto, 67% dos inquiridos pensam que as TICs são importantes, 56% dos inquiridos pensam que as comunidades são importantes e 52% pensam que a gestão é importante. Enquanto 67% dos vídeos discutiam as TIC, 53% discutiam a comunidade e apenas 36% discutiam a gestão. Um dos entrevistados que trabalha a nível rural de base identificou componentes essenciais para a gestão de desastres induzidos pelas mudanças climáticas a fim de propor uma matriz de variáveis de gestão de risco de desastres (Apêndice 5), onde a ênfase principal estava nas TICs e componentes relacionadas com a gestão. Contudo, as componentes relacionadas com a comunidade não foram incluídas.

**QUADRO 9: COMPONENTES ESSENCIAIS PARA A GESTÃO DE CATÁSTROFES NAS ZONAS RURAIS DO BANGLADESH**

| Components | | Survey | | Video analysis | |
|---|---|---|---|---|---|
| | Sub-components | Frequency | Percent | Frequency | Percent |
| ICTs | Infrastructure | 7 | 33.3% | 4 | 13.3% |
| | Access | 5 | 23.8% | 9 | 30.0% |
| | Usages | 4 | 19.0% | 4 | 13.3% |
| | Hardware | 2 | 9.5% | 11 | 36.7% |
| | Software | 1 | 4.8% | 0 | 0.0% |
| Management | Finance | 12 | 57.1% | 14 | 46.7% |
| | Political support | 7 | 33.3% | 4 | 13.3% |
| | Regulations | 6 | 28.6% | 8 | 26.7% |
| | Partnership | 4 | 19.0% | 19 | 63.3% |
| | Planning | 4 | 19.0% | 2 | 6.7% |
| Community | Training and capacity building | 8 | 38.1% | 13 | 43.3% |
| | Local knowledge | 4 | 19.0% | 2 | 6.7% |
| | Leadership | 4 | 19.0% | 9 | 30% |

Fonte: Inquérito e análise de vídeo.

O quadro 9 apresenta os resultados do inquérito e da análise do vídeo, no que respeita às componentes essenciais para aproveitar os benefícios das TIC. As conclusões do inquérito e a análise do vídeo revelam padrões diferentes neste caso. O inquérito revelou que o financiamento é a subcomponente mais importante, na opinião de 57,1% dos inquiridos, mas a análise do vídeo mostra que as parcerias são discutidas em 63,3% dos vídeos. Os entrevistados, no entanto, consideram essencial a integração de algumas subcomponentes importantes, como as finanças, as parcerias, o apoio político, a liderança, o envolvimento da comunidade com um planeamento adequado e tecnologias como as TIC. Os dados do inquérito e da análise de vídeo também apoiam as opiniões dos entrevistados. O estudo de caso tem focado principalmente nas TIC, uso das TIC, finanças, envolvimento da comunidade e regulamentos, como factores essenciais para a gestão de desastres.

## 5.4 RESUMO DO CAPÍTULO

Os dados apresentados neste capítulo descrevem as conclusões, para responder às questões de investigação com provas empíricas recolhidas do inquérito, da análise de vídeo, das entrevistas e de um estudo de caso secundário. Também fornecem dados essenciais para a análise do quadro analítico proposto, no contexto do Bangladesh rural. As múltiplas fontes de dados recolhidas de vários tipos de organizações validaram a proposta de que as alterações climáticas estão a ter um impacto negativo no Bangladesh e que as catástrofes naturais induzidas pelas alterações climáticas são uma das principais razões para o aumento da vulnerabilidade. As vulnerabilidades são mais intensas nas zonas rurais. As TIC, com outros componentes de apoio, podem reduzir estas vulnerabilidades. O próximo capítulo analisa estas conclusões utilizando o quadro analítico proposto.

# CAPÍTULO 6: ANÁLISE E RECOMENDAÇÕES

Com base no conhecimento da literatura disponível, o Capítulo 3 analisou criticamente o modelo alargado de MTC e propôs um quadro analítico para esta investigação, para analisar as TIC, as alterações climáticas e a gestão de catástrofes naturais no Bangladesh. Este capítulo analisa as conclusões apresentadas no Capítulo 5 e a revisão da literatura (Capítulo 2), utilizando o quadro fornecido. Se necessário, serão propostas aqui outras modificações do quadro para explicar o contexto rural do Bangladesh. Com base na análise, este capítulo apresenta recomendações para aproveitar os benefícios das TIC na gestão das catástrofes naturais induzidas pelas alterações climáticas no Bangladesh.

## 6.1 ANÁLISE DA ICTS, DAS ALTERAÇÕES CLIMÁTICAS E DA GESTÃO DE CATÁSTROFES NATURAIS NO BANGLADESH UTILIZANDO O QUADRO ANALÍTICO PROPOSTO

Como descrito no Capítulo 4, o modelo proposto baseia-se no pressuposto teórico de que as alterações climáticas estão a agravar as catástrofes naturais, o que causa vulnerabilidades psicológicas/fisiológicas, socioculturais, económicas e informativas às comunidades afectadas. As vulnerabilidades podem ser minimizadas através da gestão sustentável de desastres, que pode ser alcançada através da utilização adequada das TIC, das comunidades e da gestão. Para analisar os dados usando este quadro, precisamos de provas para apoiar o seguinte argumento:

A. Provas para apoiar a primeira parte do quadro analítico

    1. As alterações climáticas estão a agravar as catástrofes naturais no Bangladesh.

2. As catástrofes naturais estão a aumentar a vulnerabilidade das comunidades afectadas no Bangladesh.

    a. As principais vulnerabilidades são socioculturais, económicas, fisiológicas/psicológicas e informacionais.

B.  Provas para apoiar a segunda parte do quadro analítico

    1. A gestão sustentável de catástrofes pode reduzir as vulnerabilidades das catástrofes naturais induzidas pelas alterações climáticas no Bangladesh.

C.  Provas para apoiar a terceira parte do quadro analítico

    1. As TIC, a comunidade e a gestão são componentes essenciais para uma gestão sustentável das catástrofes no Bangladesh.

        a. O software, o hardware, o acesso e a utilização são subcomponentes essenciais das TIC para uma gestão sustentável das catástrofes.

        b. O conhecimento local, a liderança, a formação e as necessidades de comunicação de informação são sub-componentes essenciais para a comunidade para uma gestão sustentável de desastres.

        c. A regulamentação, o financiamento e a parceria são subcomponentes essenciais da gestão para uma gestão sustentável das catástrofes.

### 6.1.1 *Provas para apoiar a primeira parte do quadro*

**As alterações climáticas estão a agravar as catástrofes naturais no Bangladesh.**

A revisão da literatura na Secção 2.1 apresentou provas que sustentam a afirmação de que as alterações climáticas estão a aumentar a frequência e a intensidade das catástrofes. A Secção 2.2 descreve por que razão as vulnerabilidades são comparativamente mais elevadas no Bangladesh, tendo em conta a localização geográfica, a topografia, a hidrografia e a economia do país. Apresenta também resultados de investigação que apoiam a afirmação de que o Bangladesh é o país mais vulnerável a catástrofes naturais no mundo (Kahn 2005; Maplecroft 2012).

O inquérito e a análise de vídeo (Secção 6.1) mostram que a maioria dos profissionais deste sector identificou o "aumento da frequência e intensidade das catástrofes naturais" como o impacto negativo das alterações climáticas. No entanto, também identificaram os impactos nos meios de subsistência e a perda de vidas e bens como dois outros grandes impactos negativos das alterações climáticas, que são sobretudo um efeito das catástrofes naturais. Os entrevistados afirmaram que é um facto comprovado que as alterações climáticas estão a aumentar as catástrofes naturais no Bangladesh, o que é apoiado por um conjunto significativo de literatura (Neto 2001; Monirul Qader Mirza 2002; Singh 2002; Schipper e Pelling 2006; CCC 2008a; Prabhakar et al. 2008; Karim e Mimura 2008; Alam e Collins 2010). Uma das limitações desta explicação é o debate em torno das próprias alterações climáticas, mas a maioria dos investigadores e cientistas acredita que as alterações climáticas são uma realidade (National Research Council 2010; Tomecek 2012).

**As catástrofes naturais estão a aumentar a vulnerabilidade das comunidades afectadas no Bangladesh.**

Tal como a afirmação anterior, os entrevistados também pensam que está provado que as catástrofes naturais estão a aumentar as vulnerabilidades no Bangladesh, mais negativamente nas zonas rurais. Os dados apresentados na Secção 5.1.2 mostram provas empíricas que apoiam este argumento, enquanto a Secção 2.2 apresentou provas da literatura. Quase todos os inquiridos e os vídeos analisados apoiam a ideia de que as catástrofes naturais estão a causar vulnerabilidades económicas. A revisão da literatura descreveu a forma como as catástrofes naturais estão a ter impacto na economia nacional e a colocar desafios aos objectivos de desenvolvimento do Bangladesh (Secção 2.2.1). As vulnerabilidades socioculturais foram consideradas importantes nas provas empíricas. Os inquiridos e os vídeos mencionaram vulnerabilidades fisiológicas/psicológicas nas comunidades rurais. Embora o quadro analítico tenha considerado as vulnerabilidades fisiológicas/psicológicas como uma única subcomponente, as provas mostram que têm um significado distinto e os inquiridos preferiram que fossem consideradas individualmente. Surpreendentemente, nenhum dos inquiridos ou dos vídeos mencionou vulnerabilidades informativas, embora os entrevistados pensem que estas existem nas zonas rurais do Bangladesh. Uma possível explicação para este facto pode ser o facto de a procura de informação ainda não ter sido compreendida, uma vez que a penetração das TIC no Bangladesh é relativamente baixa (secção 2.4.1).

### 6.1.2 *Provas para apoiar a segunda parte do quadro*

**A gestão sustentável das catástrofes pode reduzir a vulnerabilidade das catástrofes naturais induzidas pelas alterações climáticas no Bangladesh.**

A segunda parte do quadro está relacionada com as outras duas partes. Se a primeira parte (mudança climática e desastre) for mais frequente, pode aumentar as vulnerabilidades das comunidades afectadas e se a terceira parte (gestão de desastres) for correta pode diminuir as vulnerabilidades, e vice-versa. Os dois primeiros capítulos descreveram em detalhe porque e como o desastre natural está a aumentar a vulnerabilidade entre as comunidades rurais no Bangladesh. A investigação, tal como a de Kahn (2005), apoia este argumento descrevendo como o número de mortes para uma catástrofe da mesma magnitude é menor nos EUA do que no Bangladesh, devido à gestão adequada de catástrofes. O argumento 'A gestão sustentável de desastres pode reduzir a vulnerabilidade aos desastres naturais induzidos pela mudança climática no Bangladesh' é evidente a partir de todas as fontes empíricas desta pesquisa. Contudo, o que constitui a gestão sustentável de desastres, é o foco principal deste modelo. A terceira parte do quadro lida com isto.

### 6.1.3 *Provas para apoiar a terceira parte do quadro*

**As TIC, a comunidade e a gestão são componentes essenciais para uma gestão sustentável das catástrofes no Bangladesh.**

Esta é a parte mais importante do quadro, que descreve como as TIC, a comunidade e a gestão contribuem para a gestão sustentável de desastres (Chib e Komathi 2009). O Capítulo 3 discutiu evidências detalhadas da literatura para apoiar as ligações entre estes três componentes principais e os subcomponentes essenciais para a gestão sustentável de desastres no Bangladesh. A literatura também mostra evidências, que a comunidade e as componentes de gestão são importantes para a gestão de desastres (Parvin e Takahashi 2008; Satterthwaite 2011). Os dados recolhidos para esta pesquisa são capazes de apoiar a literatura como se verifica que (Secção 5.3) as respostas ao inquérito, os vídeos analisados e os entrevistados todos apoiam o argumento de que as TIC, a comunidade e a gestão são os três principais componentes para a gestão sustentável de desastres.

No que respeita à gestão sustentável de catástrofes, os entrevistados argumentaram que a gestão de catástrofes naturais é uma abordagem holística que necessita de conhecimentos locais, facilitação externa, contributos de tecnologias como as TIC, competências para utilizar as TIC, conhecimento de outras melhores práticas que podem ser reproduzidas e a participação da comunidade local. Os entrevistados argumentaram ainda que, embora o potencial das TIC seja grande, sem recursos suficientes, infra-estruturas, planeamento e apoio político, esse potencial não será concretizado. Se não houver infra-estruturas, não é possível responder efetivamente durante os desastres; se o governo não for sincero no seu compromisso, os recursos alocados para a gestão de desastres serão mal utilizados ou não utilizados e um forte compromisso político encoraja tanto a formulação como a implementação de políticas.

A secção 5.2 mostra que os profissionais que trabalham no Bangladesh na gestão das alterações climáticas e das catástrofes pensam que as TIC são essenciais para a gestão das catástrofes naturais no Bangladesh. A Tabela 8 descreve como as TIC podem ser usadas para gerir ciclones e inundações, os dois maiores desastres no Bangladesh, considerando a tecnologia disponível que o país tem. Esta evidência ajuda-nos a concluir que não só o Bangladesh precisa das TIC para a gestão de catástrofes, mas que as instituições que trabalham para este fim já estão a utilizar as TIC (secção 2.4.2) e que as TIC são um sector em rápido crescimento no Bangladesh (secção 2.4.1). O estudo de caso referido no Quadro 7 reconhece a importância de outras componentes (comunidade e gestão) e descreve como as TIC podem ser utilizadas. Inesperadamente, as evidências empíricas diferem das alegações da literatura no caso das subcomponentes, mas apoiam as principais componentes identificadas.

*a.*      O software, o hardware, o acesso e a utilização são subcomponentes essenciais das TIC para uma gestão sustentável das catástrofes.

Surpreendentemente, os dados do inquérito (Tabela 9) descobriram que a infraestrutura das TIC deve ser a subcomponente mais importante na utilização das TIC para a gestão sustentável de catástrofes, apesar de não estar presente no modelo proposto. Esta conclusão foi apoiada por 13,3% dos vídeos analisados. Os entrevistados também pensam que é uma das subcomponentes mais importantes das TIC. Eles acreditam firmemente que o software e o hardware, independentemente, são irrelevantes, em vez disso, os sistemas de TIC adequados que combinam ambos precisam de estar em vigor para a gestão de desastres. O estudo de caso também apoiou este facto. Relativamente ao acesso e utilização, as evidências coincidem com o quadro proposto. Por conseguinte, as subcomponentes no âmbito das TIC devem ser ajustadas para ter em conta o caso do Bangladesh. Além disso, a situação atual da eletricidade no Bangladesh é o maior desafio mencionado pelos entrevistados, que criticaram a capacidade das TIC para apoiar a gestão de catástrofes se esta situação se mantiver. Os entrevistados criticaram a abordagem existente em relação à utilização das TIC, mencionando que as TIC em si não são a solução, mas sim a utilização efectiva das TIC (Heeks 2003; Heeks 2010). Os entrevistados mencionam muitos casos de implementação de soluções baseadas nas TIC sem formação adequada e sem uma avaliação correta das necessidades. Por exemplo, se os utilizadores não conseguirem compreender o que significa para eles um alerta precoce ou que ação é necessária, então o sistema pode não ajudar.

*b.    O conhecimento local, a liderança, a formação e as necessidades de comunicação de informação são sub-componentes essenciais da comunidade para a gestão sustentável de desastres.*

As conclusões do inquérito e da análise de vídeo apoiam todas as subcomponentes, exceto as necessidades de comunicação de informação, no entanto, os entrevistados consideram que é importante, e o estudo de caso resumiu as necessidades de informação a nível nacional e local, percebendo a sua importância. Esta constatação pode ser o resultado do baixo nível de penetração das TIC no Bangladesh e é coerente com a análise relativa à segunda parte do quadro (Secção 6.1.2), que discutiu as vulnerabilidades informacionais. Significa que as ferramentas e os sistemas TIC podem não ser tão eficazes como deveriam ser, devido à compreensão inadequada das necessidades de informação e comunicação das comunidades afectadas.

*c.    A regulamentação, o financiamento e a parceria são subcomponentes essenciais da gestão para uma gestão sustentável das catástrofes.*

As subcomponentes (regulamentação, financiamento e parceria) mencionadas no quadro são apoiadas por todas as provas empíricas, mas, curiosamente, duas subcomponentes adicionais, o apoio político e o planeamento, foram apresentadas como considerações importantes. Os entrevistados também sugeriram fortemente o apoio político como subcomponente adicional a considerar, porque a implementação da regulamentação depende do apoio político, que pode ser um grande desafio no Bangladesh, embora o país tenha políticas essenciais (Secção 1.1). Harris e Bahadur (2011) também consideraram que esta é uma consideração importante no contexto de outros países em desenvolvimento. O papel das instituições não governamentais no processo de gestão de desastres no Bangladesh não é ignorado, o que é um ponto forte do sistema naquele país (Sabur 2012). Um planeamento adequado que considere todos os factores de risco e a implementação de planos de gestão de catástrofes é outra área que necessita de atenção. O quadro precisa de considerar estas subcomponentes adicionais para ser eficaz no contexto do Bangladesh.

### 6.1.4 Modelo proposto tendo em conta o contexto do Bangladesh

Do ponto de vista ontológico e epistemológico realista crítico, esta investigação desafiou o modelo proposto com provas empíricas. Considerando a literatura e as provas empíricas recolhidas, esta investigação concluiu que o modelo MTC alargado precisa de ser alterado para ser útil na explicação das TIC, das alterações climáticas e da gestão das catástrofes naturais no Bangladesh. A Figura 18 apresenta o quadro analítico adaptado, que acrescenta a subcomponente sistemas e infra-estruturas à dimensão das TIC, remove as subcomponentes software e hardware da dimensão das TIC e acrescenta as subcomponentes apoio político e planeamento à dimensão da gestão.

**FIGURA 18: QUADRO ANALÍTICO DA ICTS, DAS ALTERAÇÕES CLIMÁTICAS E DAS CATÁSTROFES NATURAIS NO BANGLADESH**

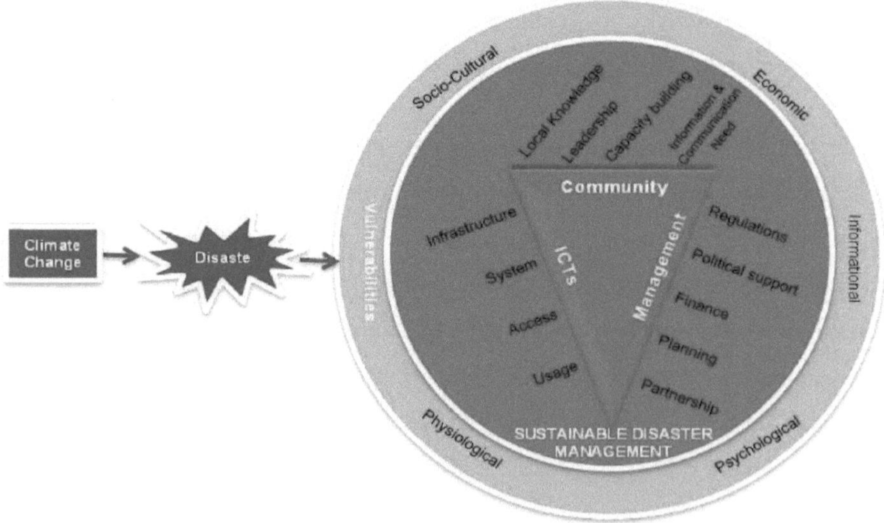


Fonte: Adaptado de Lee e Chib (2008), Chib e Komathi (2009), Chib e Zhao (2009).

## 6.2 RECOMENDAÇÕES

Com base nos resultados da investigação, este estudo recomenda as seguintes medidas para a gestão eficaz das catástrofes naturais induzidas pelas alterações climáticas nas zonas rurais do Bangladesh e para aproveitar os benefícios das TIC.

a. As TIC, por si só, não são suficientes para uma gestão sustentável das catástrofes. As componentes da comunidade e da gestão também são importantes.

b. A formação e o reforço das capacidades são aspectos importantes a ter em conta na utilização das TIC na gestão de catástrofes.

c. Os profissionais que trabalham neste sector devem ter em conta as vulnerabilidades informacionais causadas pelas catástrofes naturais, e uma avaliação das necessidades de informação e comunicação pode ser um ponto de partida para isso.

d. Para garantir o apoio político, os líderes políticos a nível local e nacional devem ser envolvidos no processo de gestão de catástrofes.

e. Para uma gestão sustentável das catástrofes, é necessário considerar um planeamento com uma avaliação adequada dos riscos.

# CAPÍTULO 7: CONCLUSÃO

## 7. 1 CONCLUSÃO

Esta investigação analisou e discutiu os dados relativos aos desafios colocados pelo aumento da frequência e da intensidade das catástrofes naturais causadas pelas alterações climáticas no contexto de um país em desenvolvimento vulnerável como o Bangladesh. O aumento da frequência e intensidade dos desastres naturais estão a ter um impacto negativo no Bangladesh de muitas maneiras, o que está a dificultar o processo de desenvolvimento do país. A gestão das catástrofes naturais, sendo uma das formas mais eficazes de reduzir os impactos negativos destes acontecimentos, tornou-se uma consideração importante para o Bangladesh.

O objetivo deste estudo foi determinar como aproveitar o poder das TIC para a gestão de catástrofes naturais, a fim de reduzir os impactos negativos e as vulnerabilidades causadas pelas catástrofes naturais induzidas pelas alterações climáticas no Bangladesh. O estudo também se concentrou nos elementos essenciais na utilização das TICs para a gestão sustentável de desastres, e aplica o modelo TCM alargado como um quadro analítico. O estudo encontrou provas que apoiam a afirmação de que as alterações climáticas estão a agravar as catástrofes naturais no Bangladesh, resultando em vulnerabilidades económicas, sócio-culturais, informativas, fisiológicas e psicológicas das comunidades rurais. Além disso, mostra que as TICs são uma ferramenta essencial para a gestão de desastres naturais, mas só podem ser eficazes através de uma gestão adequada envolvendo a comunidade local. O estudo explica as várias sub-componentes a serem consideradas sob as componentes das TICs, gestão e comunidade da gestão de desastres, descrevendo a importância de cada uma e as ligações entre elas. Os resultados indicam que ainda existe uma abordagem orientada para a oferta para a utilização das TICs para a gestão de desastres no Bangladesh, uma vez que a maioria dos profissionais que trabalham neste sector ainda não perceberam a importância da necessidade de informação das comunidades afectadas, e perceberam as consequências das vulnerabilidades informacionais. O apoio político a nível nacional e local é um novo subcomponente importante identificado para o funcionamento adequado do sistema de gestão de desastres naturais, potencialmente um fator crítico.

O estudo confirma as conclusões anteriores do modelo MTC alargado e contribui com provas adicionais que sugerem que, para explicar o contexto do Bangladesh, as subcomponentes infra-estruturas e sistemas devem ser incorporadas na componente TIC; o conhecimento local na componente comunidade e o planeamento e apoio político na componente gestão. Estas conclusões vêm juntar-se a um conjunto crescente de literatura sobre TIC, alterações climáticas e gestão de catástrofes naturais em países em desenvolvimento, como o Bangladesh.

Gerindo os desafios da recolha remota de dados primários, a investigação assegurou a disponibilidade de múltiplas fontes de provas, como a literatura existente, o estudo de casos secundários, a análise de vídeos secundários e o inquérito primário. No entanto, com uma amostra de dimensão reduzida, o nível de confiança das conclusões é baixo. O estudo atual apenas examinou o contexto rural do Bangladesh, que pode ser significativamente diferente do contexto urbano.

A investigação que considera tanto o contexto urbano como o rural, com um tamanho de amostra estatisticamente mais significativo, pode ser útil para compreender melhor o benefício das TIC para a gestão das catástrofes naturais induzidas pelas alterações climáticas no Bangladesh. É necessário mais trabalho noutros países em desenvolvimento para determinar se as TIC e as componentes propostas podem ser aplicadas mais amplamente para a gestão sustentável de desastres naturais. Esta investigação centrou-se apenas nos componentes necessários para gerir os acontecimentos de curto prazo relacionados com as alterações climáticas (catástrofes naturais), sem considerar a forma de reduzir as alterações climáticas. É essencial mais investigação neste domínio relativamente às questões das alterações climáticas electrónicas no Bangladesh, para compreender como podem as TIC beneficiar a gestão das alterações climáticas, considerando tanto o contexto urbano como o rural.

# REFERÊNCIAS:

A2I. (2011a) *Strategic Priorities of Digital Bangladesh,* Access to Information Programme, Gabinete do Primeiro-Ministro, Governo da República Popular do Bangladesh, Dhaka [em linha], disponível em http://www.a2i.pmo.gov.bd/tempdoc/Strategic_Priorities_of_Digital_Bangladesh_Jan _2011.pdf.

A2I. (2011b) *Union Information & Service Centre (UISC): ICT Enabled One-stop Service Outlet in Bangladesh,* Programa de Acesso à Informação, Gabinete do Primeiro-Ministro, Governo da República Popular do Bangladesh, Dhaka. [em linha], Disponível em: http://community.telecentre.org/profiles/blogs/union-information-amp-service-centre-uisc-ict-enabled-one-stop?xg_source=activity.

ADRC. (2003) *Gestão de Desastres no Bangladesh: Country Report,* The Asian Disaster Reduction Center, Kobe. [online], Disponível em: http: //www.adrc.asia/countryreport/BGD/2003/page2 .html.

Alam, E. e Collins, A.E. (2010) 'Cyclone Disaster Vulnerability and Response Experiences in Coastal Bangladesh.', *Disasters,* 34(4), pp.931-54. [em linha], Disponível em: http: //www.ncbi.nlm.nih.gov/pubme d/20561338.

Alam, K., Shamsuddoha, M., Tanner, T., Sultana, M., Huq, M.J. e Kabir, S.S. (2011) 'The Political Economy of Climate Resilient Development Planning in Bangladesh', *IDSBulletin ,* 42(3), pp.52-61. [online], Availablefrom: http://onlinelibrary.wiley.com/doi/10.1111/j.1759-5436.2011.00222.x/abstract.

Ale, K. e Chib, A. (2011) 'Community Factors in Technology Adoption in Primary Education: Perspectives from Rural India", *Information Technologies and International Development,* 7(4), pp.53-68.

Asimakopoulou, E. e Bessis, N. (2010) *Advanced ICTs for Disaster Management and Threat Detection: Collaborative and Distributed Frameworks,* IGI Global, Nova Iorque.

BBC. (2012) 'Bangladesh Suffers Internet Disruption after Cut Cable', *BBC News,* Londres, 8 de junho. [em linha], Disponível em: http://www.bbc.co.uk/news/technology- 18366007.

BBS. (2011a) Censo da População e Habitação 2011, *Gabinete de Estatística do Bangladesh.* [em linha], Disponível em: http: //www.bbs.gov.bd/RptPopCen.aspx?page=/PageReportLists .aspx?PARENTKE Y=41.

BBS. (2011b) *Population and Housing Census 2011 BANGLADESH at a Glance,* Bangladesh Bureau of Statistics, Dhaka. [em linha], Disponível em:

http://www.bbs.gov.bd/WebTestApplication/userfiles/Image/Census2011/Bangladesh _glance.pdf.

BCAS. (2010) *Scoping Assessment on Climate Change Adaptation in Bangladesh Summary,* Centro Regional de Recursos para a Ásia e o Pacífico, Programa das Nações Unidas para o Ambiente, Banguecoque, Tailândia.

BSCCL. (2012) SEA-ME-EU 4 Submarine Cable, *Bangladesh Submarine Cable CompanyLimited* . [online], Disponível em: http://www.bsccl.com.bd/information.htm.

BTRC. (2012a) Mobile Industry in Bangladesh, *Bangladesh Telecommunication RegulatoryCommission.* [online], Disponível em: http: //www.btrc.gov.bd/index.php?option=com_content&view=article&id=91 &Itemi d=317.

BTRC. (2012b) Mobile Phone Subscribers in Bangladesh, *Comissão Reguladora das Telecomunicações do Bangladesh.* [em linha], Disponível em: http://www.btrc.gov.bd/index.php/telco-news-archive/509-mobile-phone-subscribers-in-bangladesh-j anuary-2012.

Babbie, E. (2007) *The Practice of Social Research,* 11ª ed., Thomson Wadsworth, Belmount, CA.

Banglapedia. (2006a) BANGLAPEDIA: River, *Sociedade Asiática do Bangladesh.* [em linha], Disponível em: http://www.banglapedia.org/httpdocs/HT/R_0207.HTM.

Banglapedia. (2006b) Rivers of Bangladesh, *Asiatic Society of Bangladesh.* [em linha], Disponível em: http: //www.banglapedia.org/httpdocs/Maps/MR_0207B.GIF.

Berrg, B.L. (2001) *Qualitative Research Methods for the Social Science,* 4ª ed., Allyn & Bacon, USA, MA.

Blaikie, N. (2009) *Designing Social Research,* 2ª ed., Policy Press, Cambridge.

Bourgeois, D. (2007) 'A Design Theory Approach to Community Informatics: Community-centered Development and Action Research Testing of Online Social Networking Prototype", *The Journal of Community Informatics*, 3(1). [em linha], Disponível em: http: //www.ci-j ournal. net/index.php/ciej/article/viewArticle/308.

Brammer, H. (1990) "Floods in Bangladesh: II. Flood Mitigation and Environmental Aspects", *Geographical Journal,* 156(2), pp.158-165. [em linha], Disponível em: http://www.jstor.org/stable/10.2307/635323.

Brouwer, R., Akter, S., Brander, L. e Haque, E. (2007) "Socioeconomic Vulnerability and Adaptation to Environmental Risk: a Case Study of Climate Change and Flooding in Bangladesh.", *Risk analysis,*      27(2),   pp.313-26.   [em linha], Disponível em: http://www.ncbi.nlm.nih.gov/pubmed/17511700.

CCC. (2008a) *Changing the Way We Develop: Dealing With Disaster and Climate Change in Bangladesh,* Climate Change Cell, Ministry of Environment and Forests, Government of the People's Republic of Bangladesh, Dhaka.

CCC. (2008b) *Characterizing Country Settings: Development of a Base Document in the Backdrop of Climate Change Impacts,* Climate Change Cell, Department of Environment, Ministry of Environment and Forests, Government of the People's Republic of Bangladesh, Dhaka.

CCC. (2008c) *Economic Modelling of Climate Change Adaptation Needs for Physical Infrastructures in Bangladesh,* Climate Change Cell, Department of Environment, Ministry of Environment and Forests, Government of the People's Republic of Bangladesh.

Castro Ortiz, C.A. (1994) 'Sea-level Rise and its Impact on Bangladesh', *Ocean & Coastal Management,*      23(3),    pp.249-270. [em linha], Disponível em: http://linkinghub.elsevier.com/retrieve/pii/0964569194900221.

Chambers, R. e Conway, G. (1992) *Sustainable Rural Livelihoods: Practical Concepts for the 21st Century,* Institute of Development Studies, Brighton, UK. [em linha], Disponível em: http://opendocs.ids.ac.uk/opendocs/handle/123456789/775.

Chib, A. (2010) 'The Aceh Besar Midwives With Mobile Phones Project: Design and Evaluation Perspectives Using the Information and Communication Technologies for Healthcare Development Model', *Journal of Computer-Mediated Communication,* 15(3), pp.500-525. [em linha], Disponível em: http://doi.wiley.com/10.1111/j.1083-6101.2010.01515.x.

Chib, A., Baghudana, A. and Kasdani, S. (2010) 'The Role of Information and Communication Technologies in Disaster Rehabilitation in Agriculture and Ecotourism Bukit Lawang, Indonesia', In D. S. Miller & J. D. Rivera, eds. *Community Disaster Recovery and Resiliency Exploring Global Opportunities and Challenges.* CRC Press, pp. 223-247.

Chib, A. e Komathi, A.L..       (2009) "Extending the Technology-Community-Management Model to Disaster Recovery: Assessing Vulnerability in Rural Asia', *2009 International Conference on Information and Communication Technologies and Development     (ICTD),*    pp.328-336     [online],     Disponível em: http://ieeexplore.ieee.org/lpdocs/epic03/wrapper.htm?arnumber=5426694.

Chib, A. e Zhao, J. (2009) 'Sustainability of ICT Interventions: Lessons From Rural Projects in China and India", em L. Harter & M. J. Dutta, eds. *Communicating for Social Impact: Engaging Communication Theory, Research, and Pedagogy.* Livro

Temático da Conferência ACI 2008, Hampton Press.

Chowdhury, A. (2011) *Digital Bangladesh: Progress and Plans,* Programa A2I, Gabinete do Primeiro-Ministro, Daca.

DFID. (1999) *Sustainable Livelihoods Guidance Sheets,* Eldis Document Store. [online], Disponível em: http://www.eldis.org/go/topics/dossiers/livelihoods-connect/what-are-livelihoods-approaches/training-and-learning-materials&id=41739&type=Document.

DMB. (2010) *Plano Nacional de Gestão de Catástrofes,* Gabinete de Gestão de Catástrofes, Divisão de Gestão e Assistência a Catástrofes, Governo da República Popular do Bangladesh, Daca.

DMB e CDMP. (2007) *Consolidated Damage and Loss Assessment, Lessons Learnt from the Flood 2007 and Future Action Plan,* Disaster Management Bureau and Comprehensive Disaster Management Programme, Ministry of Environment and Forests, Government of the People's Republic of Bangladesh, Dhaka.

Day, P. (2005) 'Sustainable Community Technology: The Symbiosis Between Community Technology and Community research', *The Journal of Community Informatics,* 1(2). [online], Availablefrom :http://ci-journal .net/index.php/ciej/article/view/217.

Derry, S.J. et al. (2010) 'Conducting Video Research in the Learning Sciences: Guidance on Selection, Analysis, Technology, and Ethics', *Journal of the Learning Sciences,* 19(1), pp.3-53. [online], Disponível em: http://www.tandfonline.com/doi/abs/10.1080/10508400903452884.

Dessler, A. (2012) *Introduction to Modern Climate Change,* Cambridge Scholars Publishing, Nova Iorque.

Ericksen, N., Ahmad, Q. e Chowdhury, A. (1996) *Socio-economic Implications of Climate Change for Bangladesh,* Bangladesh Unnayan Parishad, Dhaka. [em linha], Disponível em: http://nirapad.org/admin/soft_archive/1308128275_Socio Economic Implicatios of Climate Change for Bangladesh.pdf.

Erwin, G.J. e Taylor, W.J. (2004) 'Social Appropriation of Internet Technology : a South African platform', *The Journal of Community Informatics,* 1(1), pp.21-29. [em linha], disponível em : http://ci-journal .net/index.php/ciej/article/download/189/142.

FFWC. (2012) Bangladesh Flood Forecasting and Warning Centre (FFWC), *Bangladesh Water Development Board.* [em linha], Disponível em: http://ffwc.gov.bd/.

Few, R., Osbahr, H., Bouwer, L.M., Viner, D. e Sperling, F. (2006) *Linking Climate*

*Change Adaptation and Disaster Risk Management for Sustainable Poverty Reduction: Synthesis Report,* Vulnerability and Adaptation Resource Group, MWH. [online], Disponível em:
http:
ZZec.europa.euZdevelopmentZicenterZrepositoryZenv_cc_varg_adaptation_en.pdf.

Fisher, C., Buglear, J., Lowry, D., Mutch, A. e Tansley, C. (2010) *Researching and Writing a Dissertation: An Essential Guide for Business Students,* 3ª ed., Pearson Education Limited.

Friedland, L.A. (2001) 'Communication, Community, and Democracy: Toward a Theory of the Communicatively Integrated Community", *Communication Research,* 28(4), pp.358-391. [em linha], Disponível em          :
http:ZZcrx.sagepub.comZcgiZdoiZ10.1177Z009365001028004002.

Geisler, E. (1999) 'The Metrics of Technology Evaluation: Where we Stand and Where we Should go from Here', In *the 24th Annual Technology Transfer Society Meeting.* St PeteBeach          ,          FL.          [online], Disponível em:
http:ZZinderscience.metapress.comZindexZluyx0yr1ymb57emx.pdf.

Gerster, R. e Zimmermann, S. (2003) *Information and Communication (ICTs) for Poverty Reduction?,* Agência Suíça para o Desenvolvimento e a Cooperação, Berna.

Gray, J.          (2012)          Ethical          Realism,          [em          linha],          Disponível          em:
http:ZZethicalrealism.wordpress.comZthe-philosophy-campaignZwhy-philosophy-is-importantZ.

Grix, J. (2002) 'Introducing Students to the Generic Terminology of Social Research',
*Politics,*          22(3),          pp.175-186          [em linha],          Disponível em:
http:ZZdoi.wiley.comZ10.1111Z1467-9256.00173.

Guba, E.G. ed. (1990) *The Paradigm Dialog,* Sage Publication, UK, London.

Gurstein, M. (2000) 'Community Informatics: Enabling Community Uses of Information and Communications Technology', In Idea Group Inc., 2000

Gurstein, M. (2008) *What is community informatics, and why does it matter?,* Polimetrica,          Milan.          [online],          Disponível em
http:ZZeprints.rclis.orgZbitstreamZ
10760Z10919Z1ZWHAT_IS_COMMUNITY_INFOR MATICS_reading.pdf.

Halder, S.R. and Ahmed, T. (2010) 'The Bangladesh Comprehensive Disaster Management Programme and ICTs', In *ICTfor Disaster Risk Reduction: ICT4D Case Study 2.* Centro de Formação da Ásia e do Pacífico para as Tecnologias da Informação e da Comunicação para o Desenvolvimento (APCICT) e Comissão Económica e Social para a Ásia e o Pacífico (ESCAP), pp. 52-75.

Hanna, N.K. (2011) *Transforming Government and Building the Information Society,* Springer, NewYork . [online], Availablefrom : http://www.springerlink.com/index/10.1007/978-1-4419-1506-1.

Harris, K. e Bahadur, A. (2011) *Harnessing Synergies: Mainstreaming Climate Change Adaptation in Disaster Risk Reduction Programmes and Policies,* [online], Disponível em: http://www.ids.ac.uk/files/dmfile/HarnessingSynergies2011ActionAidandIDS.pdf.

Hasan, K. (2010) The Importance of Television on Contemporary Bangladeshi Society, *TheDailyStar* : *Forum.* [online], Disponível em http: //www.thedailystar.net/forum/2010/j une/TV.htm.

Hay, C. (2002) *Political Analysis A Critical Introduction,* Palgrave Macmillan, Nova Iorque.

He, S. (2011) 'Disaster Risk Management Under Climate Change: Challenges and Responses', *2011 2nd IEEE International Conference on Emergency Management and ManagementSciences* , pp.240-243. [online], Availablefrom : http://ieeexplore.ieee.org/lpdocs/epic03/wrapper.htm?arnumber=6015665.

Healy, H. (2012) Ready or Not: Can Bangladesh Cope with Climate Change?, *The New Internationalist.* [em linha], Disponível em: http://www.newint.org/features/2012/04/01/climate-adaptation-bangladesh/.

Hedger, M. (2011) *Climate Finance in Bangladesh: On going Challenges, Parecer n.º 8,* Sétimo Programa-Quadro, Cooperação Europeia para o Desenvolvimento até 2020.

Heeks, R. (2010) "Do information and communication technologies (ICTs) contribute to development?", *Journal of International Development,* 22(5), pp.625-640. [em linha], Disponível em: http://doi.wiley.com/10.1002/jid.1716.

Heeks, R. (2003) *Most eGovernment-for-Development Projects Fail: How Can Risks be Reduced?,* i-Government Working Paper Series 4, Institute for Development Policy and Management, University of Manchester, Manchester.

Hesse-Biber, S.N. (2010) *Mixed Methods Research: Merging Theory with Practice,* The Guilford Press, Londres e Nova Iorque.

Holden, M.T. e Lynch, P. (2004) 'Choosing the Appropriate Methodology: Understanding Research Philosophy', *Marketing Review,* 4(4), p.397. [online], Disponível em: http://repository.wit.ie/1466/1/Choosing_the_Appropriate_Methodology_Understand

ing_Research_Philosophy_(RIKON_Group).pdf.

Hossain, C.G., Chowdhury, M. e Kushchu, I. (2005) 'Prospects of Using m-Technologies for Disaster Information Management in Bangladesh and other LDCs', *mgovernment.org*, pp.243-253 [em linha], disponível em http://www.mgovernment.org/resurces/euromgov2005/PDF/25_R373CG.pdf.

Hossan, C.G. e Kibria, C.G. (2005) "A Proposed Model for Utilizing Existing Mobile Coverage in Bangladesh for Context Aware Flood Information Management", *Journal of Business Research*, 7, pp.17-32.

Huq, S. e Ali, S. (1995) 'Sea-level Rise and Bangladesh: a Preliminary Analysis', *Journal of Coastal Research*, (14), pp.44-53. [em linha], Disponível em: http: //www.j stor.org/stable/10.2307/25735700.

IDS. (2012) "Climate Change and Cities", *id21 insights*, 71. [em linha], Disponível em: http: //www.dfid.gov.uk/r4d/PDF/Outputs/IDS/insights71 .pdf.

IFRC. (2012) Bangladesh: Floods and Landslides Emergency appeal, *Reliefweb*. [em linha], Disponível em: http://reliefweb.int/report/bangladesh/bangladesh-floods- and-landslides-emergency-appeal-n°-mdrbd010.

IPCC. (2001) *Climate Change 2001: Impacts, Adaptation and Vulnerability*, J. McCarthy, O. Caniziani, N. Leary, D. Dokken, & K. White, eds., Cambridge University Press.

IPCC. (2007a) *Climate Change 2007: Grupo de Trabalho II: Impactos, Adaptação e Vulnerabilidade*, Painel Intergovernamental sobre as Alterações Climáticas, Genebra. [em linha], Disponível em: http: //www.ipcc.ch/publications_and_data/ar4/wg2/en/contents. html.

IPCC. (2007b) *Climate Change 2007: Synthesis Report, An Assessment of the Intergovernmental Panel on Climate Change*, Painel Intergovernamental sobre as Alterações Climáticas, Genebra.

ITU. (2012) *Information and Communication Technology (ICT) Statistics*, União Internacional das Telecomunicações, Genebra. [em linha], Disponível em: http: //www.itu. int/ITU-D/ict/.

ITU. (2011) *Measuring the Information Society*, União Internacional das Telecomunicações, Genebra [em linha], Disponível em:
http: //www.itu. int/net/pressoffice/backgrounders/general/pdf/5 .pdf.

UIT. (2000) *New Technologies for Rural Applications, Final Report of ITU-D Focus Group 7*, União Internacional das Telecomunicações, Genebra. [em linha], Disponível em: http://www.itu.int/ITU-D/study_groups/SGP_1998-2002/SG2/Documents/2000/179R1V2E.doc.

Islam, I. (2010) *Bangladesh Telecoms Setor: Challenges and Opportunities,* Dhaka. [em linha], Disponível em: http://www.basis.org.bd/resource/Telecom-Challenges.pdf.

Jagun, A. e Morgan, S. (2011) 'Sessão 1: Introdução à Investigação em Sistemas de Informação', In *IDPM72090 - Desenvolvimento de Competências de Investigação.* Instituto de Política e Gestão do Desenvolvimento, Universidade de Manchester, Reino Unido, Manchester.

Johnson, R.B. e Onwuegbuzie, A.J. (2004) 'Mixed Methods Research: A Research Mixed Methods: A Research Paradigm Whose Time Has Come', *Educational Researcher,* 33(7), pp.14-26. [em linha], Disponível em: http://edr.sagepub.com/cgi/doi/10.3102/0013189X033007014.

Johnson, R.B., Onwuegbuzie, A.J. e Turner, L. a. (2007) 'Toward a Definition of Mixed Methods Research', *Journal of Mixed Methods Research,* 1(2), pp.112-133. [em linha], Disponível em: http://mmr.sagepub.com/cgi/doi/10.1177/1558689806298224.

Kahn, M. (2005) 'The Death Toll from Natural Disasters: the Role of Income, Geography, and Institutions', *Review of Economics and Statistics,* 87(2), pp.271-284. [em linha], Disponível em: http://www.mitpressjournals.org/doi/abs/10.1162/0034653053970339.

Karanasios, S. (2011) *New & Emergent ICTs and Climate Change in Developing Countries,* R. Heeks & A. Ospina, eds., Centre for Development Informatics, School of Environment and Development, University of Manchester, Manchester.

Karim, M. and Mimura, N. (2008) 'Impacts of Climate Change and Sea-level Rise on Cyclonic Storm Surge Floods in Bangladesh', *Global Environmental Change,* 18(3), pp.490-500. [em linha], Disponível em: http://linkinghub.elsevier.com/retrieve/pii/S0959378008000447.

Kellogg, W. (1982) 'Society, Science and Climate Change', *Foreign Affairs,* 60(5), pp.1076-1109. [em linha], Disponível em: http://www.jstor.org/stable/20041276.

Kelly, T. (2007) *ICTs and Climate Change,* União Internacional das Telecomunicações, Genebra [em linha], disponível em http://scholar.google.com/scholar?hl=en&btnG=Search&q=intitle:ICTs+e+Alteração+Climática#0.

Khandker, S. (2007) "Coping with Flood: Role of Institutions in Bangladesh", *Agricultural Economics,* 36, pp.169-180. [em linha], Disponível em: http://onlinelibrary.wiley.com/doi/10.1111/j.1574-0862.2007.00196.x/full.

Khatun, F. e Islam, A.N. (2010) *Policy Agenda for Addressing Climate Change in Bangladesh: Copenhagen and Beyond*, Dhaka, Bangladesh.

Kim, K., Paek, H.-J. e Lynn, J. (2010) 'A Content Analysis of Smoking Fetish Videos on YouTube: Regulatory Implications for Tobacco Control.", *Health communication*, 25(2), pp.97-106. [em linha], Disponível em: http://www.ncbi.nlm.nih.gov/pubmed/20390676 [Acedido em 23 de julho de 2012].

Klopffer, W. (2003) 'Life-cycle Based Methods for Sustainable Product Development', *The International Journal of Life Cycle Assessment*, 8(3), pp.157-159. [em linha], Disponível em: http://www.springerlink.com/index/75577121H622WK17.pdf.

Kreps, G. (1993) 'Disaster, Organizing, and Role Enactment: A Structural Approach', *American Journal of Sociology*, 99(2), pp.428-463. [em linha], Disponível em: http: //www.j stor.org/stable/10.2307/2781684.

LIRNEasia. (2008) *Innovative Strategies to Reduce Communication Expenditure*, Learning Initiatives on Reforms for Network Economies Asia, Colombo. [em linha], Disponível em: http://lirneasia.net/wp-content/uploads/2008/04/missed-calls-and-other-strategies.pdf.

Lee, S. e Chib, A. (2008) 'Wireless for the Poor: No Strings Attached? A Framework for Wireless Initiatives Connecting Rural Areas", em N. Carpentier & B. D. Cleen, eds. *Participation and Media Production. Critical Reflections on Content Creation. Livro temático da Conferência ACI 2007.* Cambridge Scholars Publishing, Newcastle, pp. 107122.

Levin, D.M. (1988) *The Opening of Vision: Nihilism and the Postmodern Situation*, Routledge, Londres.

Lyons, P. e Doueck, H.J. (2010) *The Dissertation from Beginning to End*, Oxford University Press, Nova Iorque.

MOEF (2008) *Bangladesh Climate Change Strategy and Action Plan*, Ministério do Ambiente e das Florestas, Governo da República Popular do Bangladesh, Dhaka.

MOEF (2005) *National Adaptation Programme of Action (NAPA)*, Ministério do Ambiente e das Florestas, Governo da República Popular do Bangladesh, Daca, Bangladesh.

MOEF, BCAS, B.V. Delft e Approtech Consultants. (1994) *Vulnerability of Bangladesh to Climate Change and Sea Level Rise: Concepts and Tools for Calculating Risk in Integrated Coastal Zone Management*, Bangladesh Center for Advanced Studies, Dhaka.

MOFDM. (2012) Gabinete de Gestão de Catástrofes, *Governo da República Popular do Bangladesh.* [em linha], Disponível em: http://www.dmb.gov.bd/index.html.

MOPT. (2012) *Projeto de diretrizes de regulamentação e licenciamento de 3G/4G/LTE: Prazo para envio de parecer prorrogado,* Ministério dos Correios e Telecomunicações, Governo da República Popular do Bangladeche, Daca.

Maclean, D. (2008) *ICTs, Adaptation to Climate Change, and Sustainable Development at the Edges,* IISD, Manitoba.

Mallick, D.L. and Rahman, A. (2010) *National Policy and Programs for Adaptation to Climate Change in Bangladesh,* Climate change proceedings, IRRI. [online], Disponível em:
http://www.fao.org/fileadmin/templates/agphome/documents/IRRI_website/Irri_work shop/LP_16.pdf.

Mallick, D.L., Rahman, A. e Alam, M. (2005) 'Estudo de Caso 3: Inundações no Bangladesh: A Shift from Disaster Management Towards Disaster Preparedness', *Ids Bulletin,* 36(4).

Mamun, A. (2012) "Bangladesh Finally Gets Undersea Cable Back-up", *The Daily Star,* Dhaka, 26 de agosto [em linha], disponível em
http: //www.thedailystar.net/newDesign/news-details.php?nid=247090.

Mann, C. e Stewart, F. (2000) *Internet Communication and Qualitative Research: A Hand Book for Researching Online,* Sage Publication, Londres.

Prémio Manthan. (2010) Cell Phone Based Early Warning Dissemination, *Manthan Award2010* . [online], Disponível em:
http://manthanaward.org/section_full_story.asp?id=961.

Maplecroft. (2012) Economies of Bangladesh, Philippines, Myanmar, India, Viet Nam at Highest Risk from Natural Hazards - Risk Atlas, [online], Disponível em:
http: //maplecroft.com/about/news/nha_2012 .html.

Marczyk, G., DeMatteo, D. e Festinger, D. (2005) *Essentials of Research Design,* A. S. Kaufman & N. L. Kaufman, eds., John Wiley & Sons, Inc., New Jersey.

Marvasti, A.B. (2004) *Qualitative Research in Sociology,* D. Silverman, ed., Sage Publication, Londres.

McDaniel, J. (2002) 'Confronting the Structure of International Development: Political Agency and the Chiquitanos of Bolivia', *Human Ecology,* 30(3), pp.369-396. [em linha], Disponível em:
http://www.springerlink.com/index/9RK75CWA3B41P9U3.pdf.

McKee, K.B. e Pardun, C.J. (1999) 'Reading the Video: A Qualitative Study of

Religious Images in Music Videos', *Journal of Broadcasting & Electronic Media*, 43(1), pp.110-122. [em linha], Disponível em: http://www.tandfonline.com/doi/abs/10.1080/08838159909364478.

Mercer, J., Kelman, I., Taranis, L. e Suchet-Pearson, S. (2010) 'Framework for Integrating Indigenous and Scientific Knowledge for Disaster Risk Reduction', *Disasters,* 34(1), pp.214-39. [online], Disponível em http: //www.ncbi. nlm.nih.gov/pubmed/19793324.

Mitchell, T. e Aalst, M. van. (2008) Convergence of Disaster Risk Reduction and Climate Change Adaptation: A Review for DFID, [online], Disponível em: http://www.preventionweb.net/files/7853_ConvergenceofDRRandCCA1.pdf.

Monirul Qader Mirza, M. (2002) 'Global Warming and Changes in the Probability of Occurrence of Floods in Bangladesh and Implications', *Global Environmental Change,* 12(2), pp.127-138. [online], Availablefrom : http://linkinghub.elsevier.com/retrieve/pii/S095937800200002X.

Moor, A.D. (2007) 'Beyond Users to Communities - Designing Systems As Though Communities Matter - An Introduction to the Special Issue', *The Journal of Community Informatics,* 3(1). [online], Availablefrom :http://ci-j ournal .net/index.php/ciej/article/viewArticle/434/312.

Muhith, A.M.A. (2012) A Chronicle of Last Three Years : Building the Future Budget Speech 2012-13 Government of People's Republic of Bangladesh, (junho).

Murray, N. e Beglar, D. (2009) *Writing Dissertation and Theses,* Pearson Education Limited, Harlow.

Murty, T.S. and Flather, R.A. (1994) 'Impact of Storm Impact Surges of Bengal the Bay', *Journal of Coastal Research,* (12), pp.149-161. [em linha], Disponível em: http: //www.jstor.org/stabl e/25735595.

Mysid. (2010) Topographic map of Bangladesh, [em linha], Disponível em: http://upload.wikimedia.org/wikipedia/commons/thumb/a/aa/Map_of_Bangladesh-en.svg/2000px-Map_of_Bangladesh-en.svg.png.

Mortberg, C., Stuedahl, D. e Elovaara, P. (2010) 'Designing for Sustainable Ways of Living with Technologies', em I. Wagner, T. Bratteteig, & D. Stuedahl, eds. *Exploring Digital Design.* Springer London, Londres, pp. 261-282. [em linha], Disponível em: http: //www.springerlink.com/index/10.1007/978-1-84996-223-0.

Conselho Nacional de Investigação. (2010) *Advancing the Science of Climate Change*, The National Academies Press, Washington, D.C.

Neto, F. (2001) 'Alternative Approaches to Flood Mitigation: a Case Study of

Bangladesh', *Natural Resources Forum,* 25(4), pp.285-297. [em linha], Disponível em: http://doi.wiley.com/10.1111/j.1477-8947.2001.tb00770.x.

Onwuegbuzie, A.J. e Leech, N.L. (2006) 'Linking Research Questions to Mixed Methods Data Analysis', *The Qualitative Report,* 11(3), pp.474-498. [online], Disponível em: http://www.nova.edu/ssss/QR/QR11-3/onwuegbuzie.pdf.

Ospina, A.V. e Heeks, R. (2011) *ICTs and Climate Change Adaptation: Enabling Innovative Strategies,* Nexus for ICTs, Climate Change and Development, Centre for Development Informatics, School of Environment and Development, University of Manchester, Manchester. [em linha], Disponível em: http://www.niccd.org/ICTs_and_Climate_Change_Adaptation_Strategy_Brief.pdf [Acedido em 6 de junho de 2012].

Ospina, A.V. e Heeks, R. (2010) *Linking ICTs and Climate Change Adaptation : eResilience and eAdaptation,* Centre for Development Informatics, Institute for Development Policy and Management, School of Environment and Development, University of Manchester, Manchester.

O'Hara, M., Carter, C., Dewis, P., Kay, J. e Wainwright, J. (2011) *Successful Dissertations: the Complete Guide for Education, Childhood and Early Childhood Studies Students,* Continuum International Publishing Group, Nova Iorque.

PC. (2012) *Projeto de proposta de um quadro de indicadores: Pro-Poor , Environment Friendly Low Emission Disaster and Climate Resilient Development,* Planning Commission of Bangladesh, Ministry of Planning, Government of the People's Republicof Bangladesh, Dhaka. [online], Available from: http://www.solutionexchange-un.net/repository/bd/cdrr/cr18-res 1 -en.docx.

Parvin, G. e Takahashi, F. (2008) 'Coastal Hazards and Community-Coping Methods in Bangladesh', *Journal of Coastal Conservation,* 12(4), pp.181-193. [em linha], Disponível em: http://www.springerlink.com/index/78400583630p27g1.pdf.

Paul, S. (1987) *Community Participation in Development Projects,* The World Bank, Washington, D.C. [online], Availablefrom:http://www-wds.worldbank.org/servlet/WDSContentServer/WDSP/IB/1999/09/21/000178830_98 101903572729/Rendered/PDF/multi_page.pdf.

Paul, S.K. e Routray, J.K. (2010) 'Household Response to Cyclone and Induced Surge in Coastal Bangladesh: Coping Strategies and Explanatory Variables', *Natural Hazards,* 57(2), pp.477-499. [online], Available from: http://www.springerlink.com/index/10.1007/s11069-010-9631-5.

Peterson, J. (2012) Investigação com métodos mistos: Paradigmas filosóficos, recolha

de dados e conceção da análise de uma tecnologia verdeEducação                    ,
*educationforthe21stcentury.org.* [em linha],                    Disponível em:
http://educationforthe21stcentury.org/2012/02/mixed-methods-research-
philosophical-paradigms-data-collection-and-analysis-design-of-a-green-technology-
education/.

Pine, J. (2008) *Natural Hazards Analysis: Reducing the Impact of Disasters,* Taylor
& FrancisGroup              ,              BocaTaton  .              [online],
         Availablefrom            :
http: //www.crcnetbase.com/doi/book/10.1201/9781420070408.

Porta, D. della e Keating, M. eds. (2008) *Approaches and Methodologies in the
Social Sciences: A Pluralist Perspective,* Cambridge University Press, Cambridge.

Prabhakar, S.V.R.K., Srinivasan, A. e Shaw, R. (2008) 'Climate Change and Local
Level Disaster Risk Reduction Planning: Need, Opportunities and Challenges',
*Mitigation and Adaptation Strategies for Global Change,* 14(1), pp.7-33. [em linha],
Disponível em: http://www.springerlink.com/index/10.1007/s11027-008-9147-4.

Purani, K. e Nair, S. (2006) "Knowledge Community: Integrating ICT into Social
Development in Developing Economies", *Ai & Society,* 21(3), pp.329-345. [em
linha], Disponível em: http://www.springerlink.com/index/10.1007/s00146-006-
0063-4.

Rahman, A.A., Rajabali, F., Billah, M., Alam, M. e Amin, S.M.A. eds. (2010)
*Disaster Risk Management and Climate Change in South Asia,* D.Net, BCAS e IDS,
Dhaka.

Rahman, A.B. (2012a) Status of Community Radio in Bangladesh, *Association for
         ProgressiveCommunications        (APC).        [online],
         Availablefrom        :
http://www.apc.org/en/blog/status-community-radio-bangladesh.

Rahman, K.F. (2009) "Towards a Digital Bangladesh", *The Financial Express,*
Dhaka,    Bangladesh,    10    de    janeiro.    [em    linha],    Disponível    em:
http://www.thefinancialexpress- bd.com/2009/01/10/55476.html.

Rahman, M.M. (2012b) "Flood: Early Warning System", *The Daily Star,* Dhaka, 9 de
agosto. [em linha], Disponível em: http://www.thedailystar.net/newDesign/news-
details.php?nid=245362.

Rideout, V. (2005) 'Sustaining Community Access to Technology: Who Should Pay
and Why.", *The journal of community informatics,* 1(2), pp.45-62. [em linha],
Disponível em: http: //ci-j ournal .net/index.php/ciej/article/viewArticle/202.

Roeth, H., Wokeck, L. e Labelle, R. (2008) "ICTs and Climate Change Mitigation in

ICTs and Climate Change Mitigation in Developing", *Strategy Brief 4,* pp. 1-12.

Rogers, E.M. (1995) *Diffusion of Innovations,* 4ª ed., The Free Press, Nova Iorque.

Romilly, P. (2007) 'Business and Climate Change Risk: a Regional Time Series Analysis', *Journal of International Business Studies,* 38(3), pp.474-480. [em linha], Disponível em: http://www.palgrave-journals.com/j ibs/j ournal/v3 8/n3/abs/8400266a.html.

Roth, A. (2011) *Challenges to Disaster Risk Reduction: A study of Stakeholders' Perspectives in Imizamo Yethu, South Africa,* Departamento de Engenharia de Segurança contra Incêndios e Segurança de Sistemas, Universidade de Lund, Lund. [online], Disponível em: http://lup.lub.lu.se/luur/download?func=downloadFile&recordOId=1888342&fileOId =1888362.

Sabur, A.K.M.A. (2012) 'Disaster Management System in Bangladesh: An Overview", *India Quarterly: A Journal of International Affairs,* 68(1), pp.29-47. [em linha], Disponível em: http://iqq.sagepub.com/cgi/doi/10.1177/097492841106800103.

Saldana, J. (2009) 'An Introduction to Codes and Coding', In *The Coding Manual for Qualitative Researchers.* SAGE Publications Ltd.

Sale, J.E.M., Lynne H. Lohfeld e Brazil, K. (2002) 'Revisiting the Quantitative-Qualitative Debate : Implications for Mixed-Methods Research', *Quality & Quantity,* (36), pp.43-53.   [em linha], Disponível em: http://www.cnr.uidaho.edu/css506/506 Readings/sale mixed-methods.pdf.

Samarakoon, J. (2004) 'Issues of livelihood, Sustainable Development, and Governance: Bay of Bengal", *AMBIO: A Journal of the Human Environment,* 33(1), pp.34-44. [em linha], Disponível em: http://www.bioone.org/doi/abs/10.1579/0044-7447-33.1.34.

Satterthwaite, D. (2011) "Editorial: Why is Community Action Needed for Disaster Risk Reduction and Climate Change Adaptation?", *Environment and Urbanization,* 23(2), pp.339-349. [em linha], Disponível em: http://eau.sagepub.com/cgi/doi/10.1177/0956247811420009 [Acedido em 13 de março de 2012].

Satu, S.B. (2012) *Matriz de Variáveis de Gestão do Risco de Catástrofes (DRM),* Shushilan, Shatkhira.

Saunders, M.N., Lewis, P. e Thornhill, A. (1997) 'Analysing Case Study Evidence', In *Research Methods for Business Students.* Pitman Publishing.

Schipper, L. e Pelling, M. (2006) 'Disaster Risk, Climate Change and International Development: Scope for, and Challenges to, Integration', *Disasters,* 30(1), pp.19-38. [em linha], Disponível em: http://www.ncbi.nlm.nih.gov/pubmed/16512859.

Schmitz, C. (2012) LimeSurvey: The Open Source Survey Application, [online], Disponível em: http://www.limesurvey.org.

Shah, C. (2009) "ContextMiner: Supporting the Mining of Contextual Information for Ephemeral Digital Video Preservation", *The International Journal of Digital Curation,* 4(2), pp.171-183.

Shah, C. (2012) Contextminer: Sobre, [online], Disponível em: http://www.contextminer.org/about.php.

Shah, C. (2010) 'Supporting Research Data Collection from YouTube with TubeKit', *Journal of Information Technology & Politics,* 7(2-3), pp.226-240. [em linha], Disponível em: http://www.tandfonline.com/doi/abs/10.1080/19331681003748875.

Shamsuddoha, M. e Chowdhury, R.K. (2007) *Climate Change Impact and Disaster Vulnerabilities in the Coastal Area of Bangladesh,* COAST Trust, Dhaka. [em linha], Disponível em: http://www.preventionweb.net/files/4032_DisasterBD.pdf.

Sherif, M.H. and Khalil, T.M. eds. (2008) 'Management of Technology Innovation and Value Creation', In *16th International Conference on Management of Technology.* World Scientific Publishing, Singapura.

Shindell, D. (2007) "Estimating the Potential for Twenty-first Century Sudden Climate Change", *Philosophical Transactions. Series A, Mathematical, Physical, and Engineering Sciences,* 365(1860), pp.2675-2694. [em linha], Disponível em: http: //www.ncbi.nlm.nih.gov/pubmed/17666384.

Shrum, W., Duque, R. e Brown, T. (2005) 'Digital Video as Research Practice: Methodology for the Millennium', *Journal of Research Practice,* 1(1), pp.1-19. [em linha], Disponível em: http://jrp.icaap.org/index.php/jrp/article/view/6/11.

Shuvra, S.K.K. (2011) "ICT in Disaster Management", *The Independent,* Dhaka, Bangladesh, 9 de setembro [em linha], disponível em http://www.theindependentbd.com/weekly-independent/69252-ict-in-disaster-management.html.

Siddiqi, H. (2009) "Managing Digital Bangladesh 2021", *The Daily Star,* Dhaka, 15 de março. [em linha], Disponível em: http://www.thedailystar.net/newDesign/news-details.php?nid=79698.

Singh, O. (2002) 'Predictability of Eea Level in the Meghna Estuary of Bangladesh', *Global and Planetary Change,* 32(2-3), pp.245-251. [em linha], Disponível em:

http://linkinghub.elsevier.com/retrieve/pii/S0921818101001527.

Srivastava, S.K. (2009) "Making a Technological Choice for Disaster Management and Poverty Alleviation in India.", *Disasters,* 33(1), pp.58-81. [em linha], Disponível em: http: //www.ncbi.nlm.nih.gov/pubmed/18498370.

Subedi, J. (2010) *Advanced ICTs for Disaster Management and Threat Detection,* E. Asimakopoulou & N. Bessis, eds., IGI Global, Nova Iorque. [em linha], Disponível em: http://www.igi-global.com/chapter/advanced-icts-disaster-management-threat/44845/. Tareque, A. e Chowdhury, S. (2010) 'Agricultural Research Priority: Vision-2030 and beyond", [em linha], Disponível em: http://www.barc.gov.bd/documents/Final- Prof.Tareque.pdf.

The Daily Star. (2009) 'Augere Launches WiMax on Trial', *The Daily Star,* Dhaka, 22 de julho. [em linha], Disponível em: http://www.thedailystar.net/newDesign/news- details.php?nid=98008.

The Daily Star. (2010) 'VoIP to Open up in Months Says Telecom Minister', *The Daily Star,* Dhaka, 17th, May. [online], Available from: http: //www.thedailystar.net/newDesign/news-details.php?nid=138827.

Tidd, J. ed. (2010) *Gaining Momentum: Managing the Diffusion of Innovations,* Imperial College Press, Londres.

Tomecek, S.M. (2012) *Science Foundation: Global Warming and Climate Change (Aquecimento global e alterações climáticas),* Chelsea House, Nova Iorque.

Townsend, A.M. e Moss, M.L. (2005) *Telecommunications Infrastructure in Disasters: Preparing Cities for Crisis Communications*, Center for Catastrophe Preparedness and Response e Robert F. Wagner Graduate School of Public Service, New York University, Nova Iorque.

Dados da ONU. (2012) Bangladesh, *Nações Unidas.* [em linha], Disponível em: http://data.un.org/Search.aspx?q=bangladesh.

UN-APCICT. (2010) *ICTfor Disaster Risk Reduction: ICT4D Case Study 2,* Centro de Formação da Ásia e do Pacífico para as Tecnologias da Informação e da Comunicação para o Desenvolvimento (APCICT) e Comissão Económica e Social para a Ásia e o Pacífico (ESCAP), Incheon City.

UNB. (2012) "PM for Use of Bangla in Digital Technology", *The Daily Star*, Dhaka, 22 de fevereiro [em linha], Disponível em http://www.thedailystar.net/newDesign/news-details.php?nid=223348.

PNUD. (2004) *Reducing Disaster Risk: A Challenge for Development,* Bureau for Crisis Prevention and Recovery, United Nations Development Programme. [em linha], Disponível em: http://www.un.org/special-rep/ohrlls/ldc/Global-

Reports/UNDP
Reduzir o risco de catástrofes.pdf.

PNUD e GOB. (2012) The Comprehensive Disaster Management Programme (Phase II), [online], Disponível em: http://www.cdmp.org.bd/.

UNFCCC. (2007) *Climate Change: Impacts, Vulnerability and Adaptation in Developing Countries*, Convenção-Quadro das Nações Unidas sobre Alterações Climáticas,

Bona. [em linha], Disponível em:
http://unfccc.int/resource/docs/publications/impacts.pdf.

UNOPS. (2009) *Disaster Management in Bangladesh,* Escritório das Nações Unidas de Serviços para Projectos, Escritório Regional da Ásia e do Pacífico, Tailândia. [em linha], Disponível em:
http://www.unops.org/SiteCollectionDocuments/Factsheets/English/Success Histórias/GBL_PJFS_CDMP_EN.pdf.

Universidade de Cambridge. (2008) Interview of Muhammad Yunus: Part 4, Climate Change and Consumerism, *The Cambridge Top 50 Sustainability Books Project.* [em linha], Disponível em: http://www.cpsl.cam.ac.uk/Resources/Videos/Muhammad-Yunus.aspx.

Vicente, K.J. (2004) *The Human Fator: Revolutionizing the Way People Live With Technology*, Routledge, Nova Iorque.

WB. (2006) *Hazards of Nature, Risks to Development an IEG Evaluation of World Bank Assistance for Natural Disasters,* The Worls Bank, Washington, D.C. [em linha], Disponível em
http://www.worldbank.org/ieg/naturaldisasters/docs/natural_disasters_evaluation.pdf.

WB e ITU. (2012) *The Little Data Book on Information and Communication Technology,* World Bank Publications, Washington, D.C. [em linha], Disponível em:
http: //www.itu. int/ITU-D/ict/publications/material/LDB_ICT_2012 .pdf.

WWF. (2008) *The Potential Global CO2 Reductions from ICT Use: Identifying and Assessing the Opportunities to Reduce the First Billion Tonnes of CO2* , World Wide Fundfornature, Solna. [online], Disponível em
http://www.wwf.se/source.php/1183710/identifying_the_1st_billion_tonnes_ict.pdf.

Wahed, M. (2009) "Digital Divide Bangladesh's Gordian Knot", *The Daily Star: Perspective*, Dhaka, 3rd, June. [online], Disponível em:
http: //www.thedailystar.net/magazine/2009/06/03/perspective. htm.

Walliman, N. (2006) *Social Research Methods*, Sage Publication, Londres.

Warrick, R. (1990) "The Greenhouse Effect, Climatic Change and Rising Sea Level: Implications for Development", *Transactions of the Institute of British Geographers,* 15(1), pp.5-20. [em linha], Disponível em: http://www.jstor.org/stable/10.2307/623089.

Wattegama, C. (2007) *ICT for Disaster Management,* Asian and Pacific Training Centre for Information and Communication Technology for Development, Asia-Pacific Development Information Programme, United Nations Development Programme, Bangkok.

Wildemuth, B.M. (2009) *Applications of Social Research Methods to Questions in Information and Library Science,* Libraries Unlimited, Londres.

Woodside, A.G. (2010) *Case Study Research: Theory, Methods, Practice,* Emerald Group Publishing Limited, Boston.

Wunnava, S. e Ellis, S. (2008) 'Disaster Recovery Planning: A PMT- Based Conceptual Model', In *Southern Association for Information Systems Conference, Richmond, VA, EUA, 13 a 15 de março de 2008.*

Yap, N.T. (2011) *Disaster Management, Developing Country Communities & Climate Change: The Role of ICTs,* R. Heeks & A. Ospina, eds., Centre for Development Informatics, School of Environment and Development, University of Manchester, Manchester.    [online], Disponível em: http://www.niccd.org/Y apDisasterManagementDevelopmentICT s.pdf.

Yu, W.H. et al. (2010) *Climate Change Risks and Food Security in Bangladesh,* Earthscan, Londres e Washington, DC.

Yunus, M. (2007) *Creating a World Without Poverty: Social Business and the Future of Capitalism,* PublicAffaire, Nova Iorque.

# APÊNDICE 1: QUESTIONÁRIO PARA RECOLHA DE DADOS

Parte 1: Sobre si

Q1. Título do cargo:

Q2. Instituição:

Q3. Idade:

Q4. Sexo (Por favor, escolha apenas uma das seguintes opções)

Feminino

Masculino

Q5. Correio eletrónico:

Q6. Telefone/Telemóvel:

Parte II: Questões de investigação

Q7. Considera que as alterações climáticas afectam o Bangladesh? (Por favor, escolha apenas uma das seguintes opções)

Sim
Não

Q8. É positivo ou negativo? (Por favor, escolha apenas uma das seguintes opções)

OPositivo (resposta Q9)

ONegativo (resposta Q10)
OBoth (responder a Q11 e Q10)

Q9 Em caso afirmativo, quais são (Enumerar por ordem de importância)

a.
b.
c.
d.
e.
f.
g.
h.

Q10. Em caso negativo, quais (Por favor, enumere por ordem de importância)

a.
b.
c.
d.
e.
f.
g.
h.

Q11. Considera que as catástrofes naturais são consequência das alterações climáticas? (Por favor, escolha apenas uma das seguintes opções)

Sim

Não (Obrigado, fim do inquérito)
Não sabe (Obrigado, fim do inquérito)

Q12. Quais são as três principais catástrofes naturais causadas ou potenciadas pelas alterações climáticas? (Por favor, escolha todas as que se aplicam)

☐Inundações
☐Ciclone

Intrusão de salinidade

□Droughts
Erosão fluvial

□Outros (por favor escreva)::

Q13: Por favor, indique as vulnerabilidades causadas por essas catástrofes naturais.

a.

b.

c.

d.

e.

f.

g.
h.

Q14. Considera que as zonas urbanas e rurais são igualmente afectadas? (Por favor, escolha apenas uma das seguintes opções)

O Sim (passar à Q18)

O Não (passar à Q15)

O Não sabe (passar à Q18)

Q15. Em caso negativo, que zonas são mais afectadas? (Por favor, escolha apenas uma das seguintes)

Urbano (ir para a Q17)
Rural (ir para a Q16)

Q16. Se rural, porquê?

Q17. Se urbano, porquê?

Q18. Considera que as tecnologias da informação e da comunicação (por exemplo, rádio, televisão, telemóvel, computador...) são um meio de comunicação social?

Internet, etc.) têm um papel a desempenhar na gestão das catástrofes naturais nas zonas rurais? (Por favor, escolha apenas uma das seguintes opções)

Sim (passar à Q19)

Não (Obrigado, fim do inquérito)
Não sei

Q19. Em caso afirmativo, é negativo, positivo ou ambos? (Por favor, escolha apenas uma das seguintes opções)

Negativo (resposta Q20)

Positivo (resposta Q21)
Ambos (responder às Q20 e 21)

Q20. Em caso negativo, quais?

a.
b.

c.

d.

e.
f.

g.
h.

Q21. Em caso afirmativo, quais?

a.
b.

c.

d.

e.
f.

g.
h.

Q22. Qual pode ser, ou é, a utilização das tecnologias de informação e comunicação para a gestão de catástrofes nas zonas rurais?

Q23. Quais são as utilizações das tecnologias da informação e da comunicação para a redução da vulnerabilidade causada por catástrofes naturais nas zonas rurais?

Q24. Considera que só as tecnologias da informação e da comunicação podem assegurar uma gestão adequada das catástrofes e a redução da vulnerabilidade nas zonas rurais? (Por favor, escolha apenas uma das seguintes opções)

Sim

Não

Não sei

Obrigado por preencher este inquérito.

Q25. Em caso negativo, quais são as outras componentes (por exemplo, participação da comunidade, gestão correta, financiamento adequado, etc.)?

a.
b.
c.
d.
e.
f.
g.
h.

Q26. Pode explicar por que razão esses componentes são importantes?

Q27. Quais são as ligações entre essas componentes e as tecnologias da informação e da comunicação?

# APÊNDICE 2: PERGUNTAS PARA A ENTREVISTA

1. As pessoas afirmam que as alterações climáticas estão a afetar o Bangladesh. Qual é a sua opinião sobre este assunto? Estão a afetar-nos negativa ou positivamente?

2. Considera que a frequência e a intensidade das catástrofes naturais estão a aumentar devido às alterações climáticas? Qual é o impacto das catástrofes naturais na vida e nos meios de subsistência da nossa população?

3. O impacto é semelhante nas comunidades urbanas e rurais?

4. Considera que as TIC têm um papel a desempenhar? Quais podem ser os papéis positivos e negativos das TIC neste caso?

5. Pensa que apenas as TIC podem ajudar ou existem outros componentes importantes que devem ser considerados para uma gestão sustentável de desastres nas zonas rurais? Quais são esses componentes e porque é que esses factores são importantes?

# APÊNDICE 3: ESQUEMA DE CODIFICAÇÃO PARA A ANÁLISE DO VÍDEO

**As alterações climáticas estão a ter impacto no Bangladesh**

O impacto é negativo

O impacto é positivo

**As alterações climáticas estão a agravar as catástrofes naturais**

Tipos de catástrofes

**Vulnerabilidades causadas por catástrofes**

Tipos de vulnerabilidades

As vulnerabilidades urbanas são mais

As vulnerabilidades rurais são mais

**O papel das TIC na gestão das catástrofes provocadas pelas alterações climáticas**

Papel nas fases de gestão das catástrofes

Alerta precoce

Preparação

Resposta

Reabilitação

Mitigação

Prevenção

Que outros componentes são essenciais para as TIC?

Síntese do vídeo

# APÊNDICE 4: FONTE DE DADOS DO INQUÉRITO E DO VÍDEO

**Responderam ao inquérito em linha profissionais que trabalham no domínio das alterações climáticas e da gestão de catástrofes dos seguintes institutos:**

1. Programa de Acesso à Informação (A2I), Gabinete do Ministro, Bangladesh
2. ActionAid, Bangladesh
3. Amader Gram
4. Rede de ONG do Bangladesh para a rádio e a comunicação
5. Município de Bogra, Governo do Bangladesh
6. Cuidados, Bangladesh
7. Programa global de gestão de catástrofes (CDMP)
8. Centro de Serviços de Informação Ambiental e Geográfica (CEGIS)
9. Missão Dhaka Ahsania (DAM)
1 0. Centro Internacional de Investigação sobre Doenças Diarreicas, Bangladesh (ICDDR,B)
1 1. Islamic Relief Worldwide, Bangladesh
12. Universidade de Engenharia e Tecnologia de Khulna (KUET)
13. Maxwell Stamp Ltd, Bangladeche
14. Aliança Nacional para a Redução de Riscos e Iniciativas de Resposta, Bangladesh
1 5. OxfamGB, Bangladesh
16. Fundação Ásia
17. Programa das Nações Unidas para o Desenvolvimento (PNUD), Bangladesh
18. Nações Unidas
19. Universidade de Daca
20. Visão Mundial, Bangladesh

**Os vídeos do YouTube analisados para esta investigação foram elaborados pelos institutos abaixo indicados:**

1. Action Aid, Bangladesh
2. AlJazeera Inglês
3. Investigação-ação para a adaptação comunitária no Bangladesh (ARCAB)
4. Centro de Estudos Avançados do Bangladesh (BCAS)
5. Care International
6. Caritas, Bangladesh
7. Christian Aid, Bangladesh
8. ClimateChangeTV
9. Concern Worldwide
10. Gabinete de Gestão de Catástrofes, Bangladesh

11.  Organização das Nações Unidas para a Alimentação e a Agricultura (FAO), Bangladesh

12. Federação Internacional das Sociedades da Cruz Vermelha e do Crescente Vermelho (IFRC)

13. Instituto Internacional para o Ambiente e o Desenvolvimento (IIED)

14. Fundo Internacional de Desenvolvimento Agrícola

15. OxfamGB, Bangladesh

16. proVenção

17. Somoy TV

18.  Programa das Nações Unidas para o Desenvolvimento (PNUD), Bangladesh

19.Fundo Internacional de Emergência das Nações Unidas para a Infância (UNICEF) Bangladesh

20.  Gabinete das Nações Unidas para a Redução do Risco de Catástrofes (UNISDR)

# APÊNDICE 5: MATRIZ DAS VARIÁVEIS DE GESTÃO DO RISCO DE CATÁSTROFES (DRM)

| Disaster Risk Identification | Disaster Risk Mitigation | Disaster Risk Transfer | Disaster Preparedness | Disaster Response | Disaster Recovery & Reconstruction |
|---|---|---|---|---|---|
| **Information** <br> *Hazard map/hazard zone/Risk area* | **Information** | **Information** | **Information** <br> *Early warning system* | **Information** <br> *Early warning system* | **Information** |
| **Knowledge** <br> *Education, Skill, Climate changes scenario* | **Knowledge** <br> *Education, Skill, Climate changes scenario* | **Knowledge** <br> *Education, Skill* | **Knowledge** <br> *Education, Skill, Training* | **Knowledge** <br> *Education, Skill Attitude* | **Knowledge** <br> *Education, Skill Technology* |
| **Networking** <br> *Institution, Coordination* | **Networking** <br> *Institution* | **Networking** <br> *Institution* | **Networking** <br> *Involvement with other stakeholders Access, Institutions* | **Networking** <br> *Institution, Involvement with other stakeholders, Access* | **Networking** <br> *Institution, Access, Involvement with other stakeholders* |
| **Planning** | **Planning** | **Planning** | **Planning** | **Planning** <br> *HH response plan* | **Planning** <br> *Assessment* |
| **Assets** <br> *(HH assets value)* | **Assets** | **Assets** | **Assets** | **Assets** <br> *HH equipment* | **Assets** |
| | **Savings** <br> *Emergency fund mobilization* | **Savings** <br> *Emergency fund mobilization, Insurance* | **Savings** <br> *Emergency fund mobilization* | **Savings** <br> *Emergency fund mobilization* | **Savings** <br> *Emergency fund mobilization* |
| | **Infrastructures** <br> *Community level Households level* | **Infrastructures** <br> *Community level Households level* | **Infrastructures** <br> *Community level Households level Safe place, Storage facilities* | **Infrastructures** <br> *Community level Households level, Shelter place distance, HH equipment* | **Infrastructures** <br> *Community level Households level* |
| | **Communication facilities** | **Communication facilities** | **Communication facilities** | **Communication facilities** | **Communication facilities** |
| | **Employment Opportunities** <br> *Livelihood, Income* | **Employment Opportunities** <br> *Livelihood, Income* | | | **Employment Opportunities** <br> *Livelihood, Income* |
| | | | **Market facilities** <br> *Equipment availability* | | **Market facilities** <br> *Equipment availability* |
| | | | **Emergency Services** <br> *(Emergency Medical Services) First aid and basic service* | **Emergency Services** <br> *(Emergency Medical Services) First aid with basic services* | **Emergency Services** <br> *(Emergency Medical Services) First aid with basic services* |
| | | | | **HH demographic status** | |
| | | | | **Time of occurrences** | |
| | **Cultural status** | | **Cultural status** | **Cultural status** | **Cultural status** |

Fonte: Satu (2012).

Printed by Books on Demand GmbH, Norderstedt / Germany